彩图2-1　绿宝石

彩图2-2　珠宝（张超提供）

彩图2-3　莱格西（张超提供）

彩图2-4　密斯提（张根柱提供）

彩图2-5 奥尼尔（窦连登提供）

彩图2-6 明星（张根柱提供）

彩图2-7 蓝丰

彩图2-8 德雷珀（张超提供）

彩图2-9 都克

彩图2-10　利珀蒂（张超提供）

彩图2-11　瑞卡（张根柱提供）

彩图2-12 灿烂（张根柱提供）

彩图2-13 顶峰（张根柱提供）

彩图5-1　果园鸟瞰图（曲光哲）

彩图8-1　蓝莓采后修剪

彩图10-1　灰霉病（赵洪海提供）

彩图10-2　蓝莓锈病

彩图10-3 蓝莓炭疽病（赵洪海提供）

彩图10-4 蓝莓僵果病

彩图10-5 蓝莓根癌病

彩图10-6 蛴螬及为害蓝莓状

彩图10-7 受越橘蓟马为害的蓝莓花芽

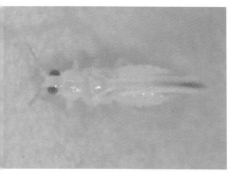

彩图10-8　越橘蓟马　　　　　　　　　彩图10-9　绣线菊蚜

彩图10-10　大青叶蝉为害状

彩图10-11　介壳虫为害状　　　　　　彩图10-12　双齿绿刺蛾

彩图10-13　舞毒蛾

彩图10-14　双斑长跗萤叶甲

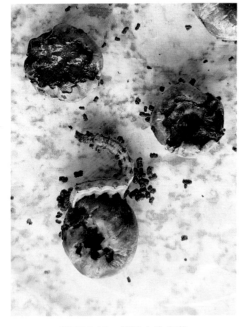

彩图10-15　棉铃虫为害状

彩图10-16　斑翅果蝇（郑雅楠提供）

现代果园生产与经营丛书

LANMEIYUAN

SHENGCHAN YU JINGYING ZHIFU YIBENTONG

蓝莓园

生产与经营

致富一本通

黄国辉 ◎ 主编

中国农业出版社

北 京

内 容 提 要

　　本书为作者团队在 10 余年的蓝莓生产实践体会和 30 余年的果树农场管理经验基础上，编写的有关蓝莓生产与果园经营管理的图书。书中就蓝莓的产业发展、生物学特性、主要品种、栽培管理、病虫害防治和蓝莓农场的建立、运行和管理等问题进行了总结与论述，适用于蓝莓种植者和蓝莓产业科研及其他从业人员等。

编著者名单

主　编　黄国辉（辽东学院）

副主编　周文杰（辽东学院）

编著者　（以姓名笔画为序）

　　　　王东来（辽东学院）

　　　　罗　璇（辽东学院）

　　　　周文杰（辽东学院）

　　　　姚　平（辽东学院）

　　　　黄国辉（辽东学院）

审　稿　李亚东（吉林农业大学）

XIANDAI GUOYUAN SHENGCHAN YU
JINGYING CONGSHU

前言

　　中国蓝莓产业发展已经有近 20 年的历史，并且得到了越来越多种植者的关注。蓝莓种植面积、产量和销售数量一直在稳定增长，已形成了一个新兴的果树产业。但是，各地蓝莓产业在发展中也出现了盲目投资、配套设施不全、品种选择失误、选址不当、缺乏科学管理等情况，导致蓝莓产量不高、品质不稳定，甚至不顾客观气候条件而盲目提出不切实际的发展指标导致果园投资失败，给种植者带来了较大的经济损失。为了更好地帮助果农解决生产中遇到的问题，作者团队将 10 余年的蓝莓生产实践体会和 30 余年的果树农场管理经验，对农场建立的一般程序、运行管理程序，以及蓝莓的建园、种类与品种、环境条件、露地和温室栽培等技术环节认真地进行了梳理总结，并以简明的文字加以阐释，以满足广大蓝莓种植者对蓝莓产业经营、管理技巧以及种植技术升级的迫切要求。

　　本书共包含十二章，其中第一章、第二章、第五章、第七章、第八章、第十一章和第十二章由黄国辉教授编写，第三章、第九章由周文杰博士编写，第四章由姚平教授编写，第六章和第十章病害部分由罗璇博士编写，第十章虫害部分由王东来老师编写。本书在编写过程中，除了使用作者自己的调查数据和文献之外，还参考了部分国内外专家学者的论文和著作，同时也得到了一些蓝莓产业专家提供的照片，潘奥老师在清稿校对和编写过程中付出了辛勤的劳动，在此一并表示感谢。

蓝莓产业在我国发展历史较短，辽东学院小浆果团队在辽宁省科技厅、丹东科技局的支持下，于 2006 年就开始了蓝莓的生产与科研工作，但研究和生产实践也具有一定的局限性，特别是有关蓝莓农场建立的一般性程序及运行管理一章，完全基于笔者生产实践的经验总结。另外，根据《农药管理条例》(2017 版)第三十四条规定"不得扩大农药使用范围、加大用药剂量或者改变使用方法"，但因我国还没有任何一种农药登记在蓝莓上，为安全有效控制蓝莓病虫害，本书参考其他作物病虫害上登记的农药和使用方法，结合生产实践推荐了一些，仅供生产者参考试用。书中的观点、论述难免疏漏，诚请各位专家学者和广大种植者给予补充指正。

编著者

2017 年 12 月于丹东

目录

前言

第一章　概述 ……………………………… 1
　一、蓝莓栽培历史 ……………………… 1
　二、世界蓝莓栽培现状 ………………… 3

第二章　蓝莓的种类与品种 …………… 7
　一、蓝莓的主要种类 …………………… 7
　二、蓝莓的主要品种 …………………… 10
　　（一）关于蓝莓品种描述的一般概念及
　　　　　蓝莓优良品种的标准 …………… 10
　　（二）主要蓝莓品种简介 ……………… 12

第三章　蓝莓的形态特征与
　　　　生物学特性 …………………… 29
　一、形态特征 …………………………… 29
　　（一）树体 ……………………………… 29
　　（二）芽 ………………………………… 29
　　（三）叶 ………………………………… 30

（四）根 ·················· 30

（五）花和花序 ·············· 30

（六）果实 ················ 31

二、生物学特性 ·············· 31

（一）营养生长和生殖生长 ········· 31

（二）根系生长 ············· 33

（三）授粉和坐果 ············ 33

（四）果实发育 ············· 35

（五）果实成分 ············· 37

三、环境对生长发育的影响 ········ 38

（一）温度和光周期 ··········· 38

（二）需冷量 ·············· 40

（三）冻害 ··············· 41

（四）土壤环境 ············· 44

第四章　蓝莓苗木繁育 47

一、母本园的建立 ············ 47

二、苗圃地的选择与划分 ········· 48

三、扦插繁殖 ·············· 48

（一）硬枝扦插 ············· 48

（二）绿枝扦插 ············· 49

四、组织培养繁殖 ············ 50

（一）组培室及功能 ··········· 51

（二）主要仪器设备 ··········· 51

（三）基本操作 ············· 52

（四）培养基的组成 ··········· 54

（五）组织培养繁殖技术 ········· 57

（六）组织培养繁殖的商业化应用 ······· 62

第五章　果园建立 ……………………… 64

一、园址选择 …………………………… 64
（一）气候条件 ………………………… 64
（二）土壤条件 ………………………… 66
（三）水源条件 ………………………… 67
二、园地的规划 ………………………… 67
（一）道路系统规划 …………………… 67
（二）排灌系统规划 …………………… 67
（三）小区规划 ………………………… 69
（四）株行距规划 ……………………… 69
（五）防风林规划 ……………………… 69
（六）辅助配套设施规划 ……………… 69
三、土壤改良 …………………………… 70
（一）土壤 pH 的调整 ………………… 70
（二）土壤物理结构的调整 …………… 71
四、品种选配 …………………………… 72
（一）品种选配原则 …………………… 72
（二）主要栽培品种 …………………… 73

第六章　果园露地栽培管理 …………… 76

一、苗木定植 …………………………… 76
（一）定植时期的选择 ………………… 76
（二）株行距的确定 …………………… 76
（三）授粉树的配置 …………………… 76
（四）定植 ……………………………… 77
二、水肥管理 …………………………… 78
（一）水分的调控 ……………………… 78
（二）施肥 ……………………………… 80

三、越冬防寒 ……………………… 82

（一）埋土防寒 ……………………… 82

（二）冷棚防寒法 …………………… 84

（三）覆盖防寒法 …………………… 84

（四）双层覆盖防寒法 ……………… 85

（五）堆雪防寒法 …………………… 85

第七章　保护地栽培管理 …………… 87

一、品种选择 ………………………… 87

二、温度管理 ………………………… 88

（一）休眠期温度管理 ……………… 89

（二）生长期温度管理 ……………… 89

三、打破休眠处理 …………………… 92

四、花果管理 ………………………… 93

五、温室蓝莓授粉 …………………… 94

六、采收后修剪 ……………………… 95

第八章　整形修剪 …………………… 96

一、蓝莓的树体结构 ………………… 96

二、蓝莓整形修剪的时期 …………… 97

（一）休眠期修剪 …………………… 97

（二）生长季修剪 …………………… 98

三、蓝莓修剪的基本方法 …………… 99

（一）蓝莓休眠期修剪方法 ………… 99

（二）蓝莓生长季修剪方法 ………… 99

四、不同树龄蓝莓的整形修剪 ……… 100

（一）幼树修剪 ……………………… 100

（二）成年树修剪 …………………… 101

**第九章 植物生长调节剂在
蓝莓上的应用** ·················· 105

一、植物生长调节剂在调控蓝莓营
养生长中的应用 ·············· 105
（一）抑制树体生长 ·········· 105
（二）打破休眠 ············ 106
（三）促进落叶 ············ 107
二、植物生长调节剂在调控蓝莓
生殖生长中的应用 ············ 107
（一）推迟花期 ············ 107
（二）抑制花芽形成 ·········· 108
（三）调控果实成熟期 ········ 108
三、植物生长调节剂在平衡蓝莓营养
生长和生殖生长中的应用 ········ 109
（一）疏花疏果 ············ 109
（二）提高坐果率 ·········· 109
（三）增大果体 ············ 110

**第十章 蓝莓病虫害种类及
综合防治** ················ 111

一、常见真菌病害与防治 ·········· 111
（一）蓝莓灰霉病 ·········· 111
（二）蓝莓锈病 ············ 113
（三）蓝莓炭疽病 ·········· 114
（四）蓝莓僵果病 ·········· 116
（五）蓝莓拟茎点枝枯病 ······ 117
二、常见细菌病害与防治 ·········· 118
蓝莓根癌病 ·············· 118

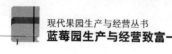
三、常见地下害虫与防治 …………………… 119
　（一）蛴螬 …………………… 119
　（二）地老虎类 …………………… 121
四、常见吮吸式害虫与防治 …………………… 122
　（一）越橘硬蓟马 …………………… 122
　（二）蚜虫类 …………………… 124
　（三）大青叶蝉 …………………… 126
　（四）介壳虫类 …………………… 127
　（五）叶螨 …………………… 128
五、常见食叶害虫与防治 …………………… 130
　（一）刺蛾 …………………… 130
　（二）毒蛾 …………………… 132
　（三）天幕毛虫 …………………… 134
　（四）美国白蛾 …………………… 135
　（五）双斑长跗萤叶甲 …………………… 136
六、常见蛀果害虫与防治 …………………… 138
　（一）棉铃虫 …………………… 138
　（二）斑翅果蝇 …………………… 140

第十一章　蓝莓采收及采后处理 ……… 142

一、采前处理对蓝莓果实品质的影响 …… 142
　（一）采收成熟度 …………………… 142
　（二）蓝莓果实的品质指标 …………… 143
　（三）影响蓝莓果实贮藏性的因子 …… 144
二、蓝莓采后处理 …………………… 146
　（一）预冷 …………………… 146
　（二）冷藏保鲜 …………………… 147
　（三）气调与自发气调贮藏 … 147

第十二章　蓝莓种植农场建立的一般
性程序及运行管理 ………… 148

一、蓝莓农场建立的一般性程序 ………… 148
（一）建立蓝莓农场的可行性研究 …… 148
（二）收入预算依据 ………… 151
（三）不同种植方式蓝莓
长期预算（15 年） ………… 152
（四）四种蓝莓种植方式效益分析 …… 165
（五）建立蓝莓农场可行性
报告的形成 ………… 173
二、蓝莓农场的运行与管理 ……………… 174
（一）蓝莓农场的组织框架
及岗位职责 ……………… 174
（二）蓝莓农场运行与管理的
操作规程 ……………… 176
附件1：露地蓝莓水肥一体化
实施方案 ……………… 179
附件2：露地蓝莓病虫害防治方案 …… 179
附件3：露地蓝莓修剪操作规程 ……… 180

参考文献 …………………………… 182

第一章
概　述

一、蓝莓栽培历史

　　北美的原住民采摘食用越橘属中可以食用的种已有上千年的历史，北美东部和西部的原住民早就有意识地放火烧掉野生蓝莓的地上部进行树体的更新，进而恢复树势。到了 19 世纪，在美国新英格兰地区和佛罗里达地区，人们将整株野生蓝莓挖出进行人工栽植，开始了高丛蓝莓和兔眼蓝莓的人工驯化栽培。

　　1908 年，美国农业部的 Frederick Coville 首先对北高丛蓝莓进行人工驯化栽培。他第一次明确提出了蓝莓生长需要酸性且排水良好的土壤、一定的低温时间等蓝莓生长发育的基本要求。同时，他还掌握了蓝莓的硬枝扦插繁殖技术，并指出熊蜂是蓝莓最理想的授粉昆虫，有的蓝莓自花不结实，属于四倍体类型。

　　1908 年，Frederick Coville 在美国新泽西州农场主 Elizabeth White 的配合下，开始了蓝莓的育种工作。Elizabeth White 种植了 Frederick Coville 的杂种实生苗，并通过悬赏的方式收集大果野生蓝莓，对其进行评价与筛选，这些野生蓝莓优异单株经过试验后，被两人分别命名为：Adams、Brooks、Dunfee、Grover、Harding、Sam、Sooy、Rubel、Russel 等，其中 Rubel 到今天仍然作为深受种植者欢迎的加工品种栽培。

1920 年，Frederick Coville 首次发表了 Pioneer 和 Katherine（Brooks×Sooy）两个品种，他在蓝莓育种界的地位至今无人可比。目前，全世界蓝莓栽培面积的 50％以上仍然是他选育的品种，包括：Rubel（1911）、Jersey（1928）、Wemouth（1936）、Bluecrop（1952）、Croatan（1954）、Blueray（1955）等划时代的品种。从 1908—1940 年，Frederick Coville 在 30 多年的蓝莓育种工作中，为继任者 Georgr Darrow 留下了 30 000 多株实生苗。

我国蓝莓科研和产业化栽培起步都较晚，最早是吉林农业大学郝瑞教授在近 10 年的野外考察基础上，对长白山野生笃斯越橘（即野生蓝莓）的分布、产量和生长生态习性进行了报道，并率先提出笃斯越橘仿生栽培的理论。吉林农业大学1983 年率先从美国引入蓝莓优良品种，1989 年又从美国明尼苏达大学引入优良品种 14 个；1990 年率先解决了蓝莓组培工厂化育苗技术，在此基础上在白山市、安图县和蛟河市开展了蓝莓的优良品种选育试验。经过多年区域试验，李亚东教授于1999 年选育审定出我国第一个蓝莓优良品种美登。中国科学院植物研究所南京中山植物园贺善安先生于 1987 年从美国引入 12 个兔眼蓝莓品种，开展其适应性栽培试验，并于 1998 年对各品种表现进行报道。1998 年北华大学（原吉林林业科学院）吴榜华教授和中国林业科学院张清华研究员通过国家"948"项目引入高丛蓝莓品种 14 个，并在长白山区的松江河镇建立试验种植基地。山东省果树研究所刘庆忠研究员 1998年从美国引入 10 个高丛蓝莓品种。2002 年，吉林农业大学李亚东教授团队从波兰引入包括目前主栽品种在内的北高丛、半高丛蓝莓品种和优良品系 70 余个，极大地丰富了我国蓝莓种质资源，并陆续选育出包括瑞卡、蓝丰、都克和莱格西等在内的蓝莓优良品种。此后，大连理工大学安利佳教授（2000

年）、大连大学王贺新教授（2004 年）、安徽省农业科学院陶龙研究员（2006 年）、辽宁省果树科学研究所魏永祥研究员（2006 年）、辽东学院黄国辉教授（2006 年）等陆续开展了蓝莓的引种、育种与生产技术研发工作。南方产区贵州科学院植物园聂飞研究员、中国科学院植物研究所南京中山植物园贺善安先生与於红研究员合作开展了兔眼蓝莓的引种、选种与栽培技术研究工作。21 世纪以来，云南省农业科学院高山经济植物研究所、四川省农业科学研究院、浙江省农业科学院、湖北省农业科学院果树茶叶研究所、广东仲恺农业工程学院等单位也陆续开展了蓝莓的引种与栽培技术研究，使得蓝莓成为一个全国性的研究热点。

二、世界蓝莓栽培现状

根据国际蓝莓组织（IBO）的统计资料，截至 2016 年，全球蓝莓总产量 66.392 万吨，其中北美的产量占全世界的 52% 以上。北美地区是世界蓝莓的主产区，北美地区又以美国的产量最高，占全世界的 39%。加拿大的蓝莓产量在全球也占有很重要的地位，目前已可以销售到中国。产量位居第二的是南美地区，占全球的 23.4%，其中智利在南美地区产量最高，占全球的 18.1%。南美的秘鲁近几年蓝莓发展迅速，产量由 2014 年的 2 100 吨，一跃达 2016 年的 11 743 吨，由 2014 年占全球的 0.4% 达 2016 年的 1.8%。由于秘鲁的气候特点，使得秘鲁生产的蓝莓可以最早供应北半球市场，具有一定的价格优势，因此，秘鲁已成为蓝莓发展的一个热点地区。目前，智利和秘鲁的蓝莓已经可以销售到中国。产量位居第三位的是欧洲，2016 年欧洲蓝莓产量占全球的 14%，其中西班牙的产量占全球的 6.1%，而且比 2014 年产量增加了 1 倍多，发展极为迅速。产量位居第四位的是亚洲，占全球的 5.7%，亚洲地区以中国产量最高，发展速度也最快，2016年中国蓝莓产量占全球的4.5%。产量位居第五位的是非洲，占全球的2.5%，其中以摩洛哥的产量最高，发展速度也最快。排第六位的是澳大利亚、新西兰等其他地区，产量占全球的1.9%，产量最高的国家为澳大利亚。

2016年全球蓝莓总产量的65.4%用于鲜食，其余34.6%的产量被用于加工。其中非洲的鲜食比例为95.5%，澳大利亚、新西兰等其他地区为92.4%，欧洲为79.9%，南美为78%，亚洲为73.6%，北美最低为52.6%。这种消费的比例说明，鲜食蓝莓的主要消费市场还是集中于北半球，北半球冬季对蓝莓旺盛的需求使得南半球的蓝莓主要以鲜食形式供应市场。而在北半球国家的蓝莓收获季节由于产量较大，鲜食市场对蓝莓的质量要求较高，价格竞争也较激烈，所以部分质量较差的蓝莓果实进入加工市场。当然，北半球的蓝莓加工品种种植较多也是重要原因，例如北美的加拿大，2016年产量的64.4%用于加工，鲜食利用率仅为35.6%。一个重要原因就是加拿大本身就有大量的用于加工的矮丛蓝莓，美国也是这样的情况。从另一个方面也反映出北美地区不仅仅是对鲜食蓝莓有需求，同时对蓝莓的加工制品也有旺盛的需求，使得蓝莓的种植品种多样化，以满足蓝莓市场的多样化需求。

从2014—2016年的蓝莓产量增长速度来看，全球总体产量2016年比2014年增加17.7%，增加速度最快的地区为非洲。澳大利亚、新西兰等其他地区增长46%，以澳大利亚增长速度最快。第三位是欧洲，达到44.5%，以西班牙增长最快，比2014年产量增加1倍多。第四位是亚洲，增长31.5%，其中以中国增长最快，比2014年增加50%。第五位是南美，增长27.9%，其中以秘鲁增长速度最为迅速，比2014年增长了近4.6倍。第六位是蓝莓的传统主产区北美，增长了5%，以墨西哥增长最快。分析可以看出，在非传统蓝莓主产区的非洲，由于市场价格和需求量的诱导，产量增速极快；而传统的蓝莓产区中，具有成熟期优势的地区，例如欧洲的西班牙、南美的秘鲁也表现出迅猛的增速；而中国由于强劲的国内市场需求，使没有较大气候优势的中国蓝莓产业也得到了飞速发展，而且越来越得到国际化公司的关注。中国的巨大蓝莓市场潜力是中国蓝莓产业的最大优势。各国鲜食产量、加工产量和占总产量的比例分别如下（表1-1）。

表1-1　世界各国蓝莓鲜食与加工产量及占总产量比例一览表

国家	2016年鲜食		2016年加工		2016年产量（吨）	2014年产量（吨）	2016年产量比2014年产量增加的比例（%）	2016年产量占世界总产量比例（%）	2014年产量占世界总产量比例（%）
	产量（吨）	占总产量比例（%）	产量（吨）	占总产量比例（%）					
秘鲁	11 543	98.3	200	1.7	11 743	2 100	459.2	1.8	0.4
智利	91 032	75.8	29 000	24.2	120 032	101 300	18.5	18.1	18.0
阿根廷	14 925	76.8	4 500	23.2	19 425	15 500	25.3	2.9	2.7
乌拉圭	1 890	90.0	210	10.0	2 100	2 500	−16.0	0.3	0.4
其他	2 000	87.0	300	13.0	2 300	300	666.7	0.3	0.1
南美小计	121 390	78.0	34 210	22.0	155 600	121 700	27.9	23.4	21.6
加拿大	25 860	35.6	46 750	64.4	72 610	69 400	4.6	10.9	12.3
美国	141 400	54.6	117 800	45.4	259 200	251 130	3.2	39.0	44.5
墨西哥	15 500	97.5	400	2.5	15 900	10 570	50.4	2.4	1.9
北美小计	182 760	52.6	164 950	47.4	347 710	331 100	5.0	52.4	58.7
中国	21 000	70.0	9 000	30.0	30 000	20 000	50.0	4.5	3.5
日本	3 200	80.0	800	20.0	4 000	4 000	0.0	0.6	0.7
韩国	3 500	94.6	200	5.4	3 700	4 900	−24.5	0.6	0.9
其他	250	83.3	50	16.7	300	0		0.0	0.0
亚洲小计	27 950	73.6	10 050	26.4	38 000	28 900	31.5	5.7	5.1

（续）

国家	2016年鲜食		2016年加工		2016年产量（吨）	2014年产量（吨）	2016年产量比2014年增加比例（%）	2016年产量占世界总产量比例（%）	2014年产量占世界总产量比例（%）
	产量（吨）	占总产量比例（%）	产量（吨）	占总产量比例（%）					
澳大利亚	9 000	97.3	250	2.7	9 250	6 080	52.1	1.4	1.1
新西兰	2 600	78.8	700	21.2	3 300	2 500	32.0	0.5	0.4
其他	10	100.0	0	0.0	10	20	−50.0	0.0	0.0
地区小计	11 610	92.4	950	7.6	12 560	8 600	46.0	1.9	1.5
英国	2 200	93.6	150	6.4	2 350	1 600	46.9	0.4	0.3
荷兰	3 800	86.4	600	13.6	4 400	3 400	29.4	0.7	0.6
法国	2 800	91.8	250	8.2	3 050	1 900	60.5	0.5	0.3
德国	9 500	89.6	1 100	10.4	10 600	12 900	−17.8	1.6	2.3
波兰	11 000	91.7	1 000	8.3	12 000	15 500	−22.6	1.8	2.7
意大利	2 900	96.7	100	3.3	3 000	2 600	15.4	0.5	0.5
西班牙	27 000	66.7	13 500	33.3	40 500	19 700	105.6	6.1	3.5
葡萄牙	4 500	98.9	50	1.1	4 550	3 000	51.7	0.7	0.5
其他	10 800	84.7	1 950	15.3	12 750	3 900	226.9	1.9	0.7
欧洲小计	74 500	79.9	18 700	20.1	93 200	64 500	44.5	14.0	11.4
摩洛哥	12 000	95.2	600	4.8	12 600	6 660	89.2	1.9	1.2
南非	4 000	96.4	150	3.6	4 150	2 200	88.6	0.6	0.4
其他	100	100.0	0	0.0	100	480	−79.2	0.0	0.1
非洲小计	16 100	95.5	750	4.5	16 850	9 340	80.4	2.5	1.7
全球总计	434 310	65.4	229 610	34.6	663 920	564 140	17.7		

注：当年产量占世界总产量比例用当年国家产量比当年全球产量总计计算；地区小计产量占世界总产量比例用当年地区的总产量比当年全球产量总计进行计算，不用各国比例值相国。

第二章
蓝莓的种类与品种

一、蓝莓的主要种类

蓝莓属于杜鹃花科越橘属的植物，越橘属的植物主要分布于喜马拉雅山脉和南美的安第斯山脉以及新几内亚等地。越橘属植物包括 450 种左右，包含青液果组、红苔莓子组、（红豆）越橘组、黑果越橘组等。越橘属中许多种为多倍体，含多个染色体组。染色体倍性有二倍体、四倍体和六倍体。

大部分蓝莓生产采用的是高丛蓝莓、兔眼蓝莓和矮丛蓝莓中的栽培品种。依据高丛蓝莓需冷量和冬季耐寒程度，又将高丛蓝莓进一步分为南高丛蓝莓和北高丛蓝莓。

由于蓝莓的多倍性、形态上的重叠交叉、广泛的杂交和普遍缺乏染色体分化，青液果组中种的划分目前仍有疑问。Camp 在首次对于该组详细分类时，将该组描述为 9 个二倍体、12 个四倍体和 3 个六倍体。而 Vander Kloet 将其减少至 6 个二倍体、5 个四倍体和 1 个六倍体。北高丛蓝莓被分为 3 个倍性水平。大部分的园艺工作者和育种者认为北高丛蓝莓的变异模式足以支持 Camp 的观点，即依利越橘（*Vaccinium elliottii* Chapm.）和黑果木（*Vaccinium fuscatum* Ait.）为二倍体，拟态越橘（*Vaccinium simulatum* Small）为四倍体，兔眼越橘（*Vaccinium ashei* Reade）和 *Vaccinium constablaei* Gray* 为六倍体（表 2-1）。

　　青液果组中的多倍体可能有多个起源，而许多种之间的主动杂交也正在进行。四倍体高丛蓝莓（*Vaccinium corymbosum*）在遗传上就是拥有两组相似染色体的四倍体。越橘属植物物种形成的主要模式是通过未减数分裂的配子。

表 2-1　越橘属重要的种

（Hancock et al.，2008）

组	种	倍性	分布
Batodendron	白莓 *Vaccinium arboretum* Marsh	2	北美东南部
	矮丛越橘（狭叶越橘） *Vaccinium angustiifolium* Ait.	4	北美东北部
	兔眼越橘 *Vaccinium ashei* Reade	6	北美东南部
	Vaccinium boreale Hall & Aald.	2	北美东北部
	Vaccinium constablaei Gray	6	北美东南部山脉区
	高大越橘（北高丛蓝莓） *Vaccinium corymbosum* L.	2	北美东南部
青液果组 *Cyanococcus*	高大越橘（北高丛蓝莓） *Vaccinium corymbosum* L.	4	北美东部和中西部
	常绿越橘 *Vaccinium darrowii* Camp	2	北美东南部
	黑果木 *Vaccinium fuscatum* Ait.	2	佛罗里达
	柴叶越橘 *Vaccinium myrtilloides* Michx.	2	北美中部
	银蓝越橘（旱地蓝莓） *Vaccinium pallidum* Ait.	2、4	北美大西洋中部
	南方越橘 *Vaccinium tenellum* Ait.	2	北美东南部
	依利越橘 *Vaccinium elliottii* Chapm.	2	北美东南部

　　*　文中部分拉丁学名没有中文相关资料发表，因此在文中未列出其中文名称。

（续）

组	种	倍性	分布
青液果组 *Cyanococcus*	毛果蓝莓 *Vaccinium hirsutum* Buckley	4	北美东南部
	铁仔越橘（长青蓝莓） *Vaccinium myrsinites* Lam	4	北美东南部
	拟态越橘 *Vaccinium simulatum* Small	4	北美东南部
红苔莓子组 *Oxycoccus*	大果蔓越橘 *Vaccinium macrocarpon* Ait.	2	北美
	欧洲蔓越橘 *Vaccinium oxycoccos* L.	2、4、6	环北方地区
（红豆）越橘组 *Vitis-Idaea*	红豆越橘 *Vaccinium vitis-idaea* L.	2	环北方地区
黑果越橘组 *Myrtillus*	*Vaccinium cespitosum* Michx	2	北美
	Vaccinium chamissonis Bong.	2	环北方地区
	甜越橘 *Vaccinium deliciosum* Piper	4	北美西北部
	膜质越橘 *Vaccinium membranaceum* Doug. ex Hook	4	北美西部
	欧洲越橘 *Vaccinium myrtillus* L.	2	环北方地区
	阿拉斯加蓝莓 *Vaccinium ovalifolium* Sm.	4	北美西北部
	小叶越橘 *Vaccinium parvifolium* Sm.	2	北美西北部
	Vaccinium scoparium Leiberg ex Coville	2	北美西北部
Polycodium	*Vaccinium stamineum* L.	2	北美中部和东部
Pyxothamnus	*Vaccinium consanguineum* Klotzch	2	墨西哥南部 和美国中部
	卵叶越橘（加州越橘） *Vaccinium ovatum* Pursh	2	北美西北部
	乌饭树 *Vaccinium bracteatum* Thunb.	2	亚洲东部、 中国和日本
湿生越橘组 *Vaccinium*	笃斯越橘 *Vaccinium uliginosum* L.	2、4、6	环北方地区

二、蓝莓的主要品种

（一）关于蓝莓品种描述的一般概念及蓝莓优良品种的标准

1. 关于蓝莓品种描述的一般概念 蓝莓的南高丛、北高丛及兔眼等品种群的品种数量众多。虽然我国部分大学和科研机构近年来也在进行蓝莓育种工作，但目前还没有自主选育的蓝莓品种应用于生产，生产上应用的都是国外选育的品种。由于前期我国的专家学者对蓝莓的品种采用音译或者意译两种方式定名，所以经常造成同物异名的现象，例如 Duke，有的称为公爵，有的称为都克、杜克等，而原文名一般是唯一的，为避免混乱，我们对蓝莓所有品种的中文名字后注明原文名，以方便大家对品种进行比较和识别。

蓝莓的品种选育是一个动态的过程，为了体现品种选育的动态过程，并让种植者及时了解最新的品种动态，对蓝莓品种的描述按全世界主栽品种、区域性栽培品种和近年来新选育的品种三部分进行介绍，而对应用价值较低的部分品种不进行介绍。一般全世界主栽品种的栽培时间都很长，是经历了不同地区栽培实践筛选出来的品种，也是我国的蓝莓产业应该重点选择的品种，其余两类品种可以积极试验试栽，为进一步丰富我国蓝莓主栽品种奠定基础。

蓝莓品种的描述涉及以下概念，在此进行统一的说明。

（1）蓝莓的成熟期 蓝莓的成熟期主要取决于正常气候条件下从开花到果实开始成熟所需要的天数，由此可将蓝莓的成熟期分为以下几种：

①极早熟。在正常的气候条件下，从开花到果实成熟的时

间小于 45 天。

②早熟。在正常的气候条件下，从开花到果实成熟的时间需要 45～50 天。

③中早熟。在正常的气候条件下，从开花到果实成熟的时间需要 50～55 天。

④中熟。在正常的气候条件下，从开花到果实成熟的时间需要 55～60 天。

⑤中晚熟。在正常的气候条件下，从开花到果实成熟的时间需要 60～65 天。

⑥晚熟。在正常的气候条件下，从开花到果实成熟的时间需要 65～75 天。

⑦极晚熟。在正常的气候条件下，从开花到果实成熟的时间大于 75 天。

兔眼在上述的标准中应该增加 45 天，例如兔眼的极早熟品种从开花到果实成熟就应该为 90 天，依此类推。

（2）蓝莓的需冷量　指蓝莓完成自然休眠对低温累计时间的要求，南高丛和兔眼品种的需冷量依品种不同变化较大，所以对这一类品种的需冷量按品种逐一描述，而对常绿品种的需冷量一般描述为需冷量极低。北高丛及半高丛的蓝莓品种的需冷量变化不大，都在 800 小时以上，故对此类品种未做逐一描述。

（3）蓝莓的树形　树冠形状分为直立、半开张、开张。

（4）蓝莓的树势　树势分为极强、强、中庸、弱。

（5）蓝莓的果肉硬度　果肉硬度分为高、较高、较软。

（6）蓝莓的果蒂　果蒂痕分为小、较小、中等、较大、大。

（7）蓝莓的果实　果实大小分为极大、大、中等偏大、中等大小、中等偏小、小。

2. 优良蓝莓品种的标准　一百多年来，蓝莓育种工作者一直在选育具有不同特点的蓝莓品种以满足不同地区蓝莓发展的需求。作为一个地区的主栽品种应该具有以下共同的标准，这些标准也是我国蓝莓产区选择品种时所必须综合考虑的因素。

一是果实尽量大，果面的果粉要厚而白，果蒂痕小，果实采收时容易从果柄分离开，果实硬度高、耐储运。

二是对气候条件的适应性强，抗逆性强，例如选育需冷量低的品种以满足温暖地区和温室栽培等。

三是丰产性好，达到盛果期的时间短，自花结实率高等。

四是果实风味佳、香味浓郁、糖酸比适宜且酸甜适口等。

（二）主要蓝莓品种简介

蓝莓品种可以按照其生物学特性、区域分布等分为南高丛、北高丛、半高丛、兔眼和矮丛 5 个蓝莓品种群，由于矮丛品种群只在我国北方寒冷地区有少量栽培，故在此不做介绍。

1. 南高丛蓝莓品种

（1）全世界主栽的南高丛蓝莓品种

①绿宝石（Emerald）。早熟品种，由美国佛罗里达州 1991 年选育，需冷量为 250 小时左右，植株生长比较旺盛、树冠开张，产量高，果实大，果肉硬度高，果实颜色为中等蓝色，果蒂痕中等大小，果实风味极佳，抗茎腐病和溃疡病，但该品种盛花期较早，要注意晚霜危害，我国蓝莓产区已经开始试栽（彩图 2-1）。

②珠宝（Jewel）。中熟品种，由美国佛罗里达州 1998 年选育，需冷量在 200 小时左右，树势旺盛，树冠较开张，果实大，果肉硬度较高，果实淡蓝色，果蒂痕较小，风味微酸。该品种春季展叶较慢，容易感染叶部病害，极易形成花芽而导致树体结果过多，我国蓝莓产区已经开始试栽（彩图 2-2）。

③莱格西（Legacy）。中晚熟品种，1988 年美国农业部选育，需冷量为 400～600 小时，树冠直立，树势强，抗寒力中

等，果实中等大小，果肉硬度高，果实粉蓝色，果蒂痕小，我国蓝莓产区有部分栽培（彩图 2-3）。

④密斯提（Misty）。中熟品种，由美国佛罗里达州 1989 年选育，低温需冷量为 150 小时左右，树冠较开张，树势旺盛，低温不足地区叶芽萌发率较低，但经过单氰胺处理后可以显著提高萌芽率，采收期较长，修剪宜重以避免树体负担量过多，果实中等大小，果肉硬度高，果蒂痕小，果实风味较好（彩图 2-4）。

⑤奥尼尔（O'Neal）。早熟品种，由美国北卡罗来纳州 1987 年选育，需冷量为 400 小时左右，树冠较直立，果实较大，果肉硬度较高（彩图 2-5）。

⑥奥扎克蓝（Ozarkblue）。晚熟品种，由美国阿肯色州 1996 年选育，需冷量为 600～800 小时，树冠直立、树势旺盛，果实中等大小，果肉硬度高，果蒂痕小，果实较甜。

⑦明星（Star）。由美国佛罗里达州 1981 年选育，早熟品种，低温需冷量为 400 小时左右，树冠较直立、树势中等，果实大，果肉硬度高，果蒂痕小，风味佳，耐储运（彩图 2-6）。

（2）区域性栽培的南高丛蓝莓品种

①比洛克西（Biloxi）。由美国密西西比州 1998 年选育的早熟品种，低温需冷量低于 500 小时，树冠较直立、树势旺盛，极易丰产，果实中小型，果肉硬度高，果蒂痕中等大小，风味较好。

②千禧（Millennia）。由美国佛罗里达州 1986 年选育的早熟品种，低温需冷量为 300 小时左右，树冠开张、树势旺盛，极易丰产，果实大，果肉硬度高、果蒂痕极小，风味一般。

③蓝宝石（Sapphire）。由美国佛罗里达州 1980 年选育的早熟品种，低温需冷量为 200 小时左右，树冠半开张、树势较旺盛，极易丰产，果实中等大小，果肉硬度高，果蒂痕小，风味佳。

④夏普蓝（Sharpblue）。由美国佛罗里达州 1976 年选育的早熟品种，低温需冷量低于 150 小时，可以不落叶持续生长，树冠比较开张，树势极旺盛，极易丰产，果实大，果肉硬度中等，果蒂痕中等大小，风味佳，果实品质极易受高温影响，曾经是佛罗里达州主栽品种，目前不再种植。

⑤温莎（Windsor）。由美国佛罗里达州 2000 年选育的中熟品种，低温需冷量为 300～500 小时，树冠开张，树势旺盛，萌芽率高，果实大，果肉硬度高，果蒂痕湿，风味佳，栽培较少。

（3）近年来新选育的南高丛蓝莓品种

①丰裕（Abundance）。由美国佛罗里达州 2006 年选育的中早熟品种，低温需冷量为 300 小时左右，树冠直立，树势极强，萌芽率高，丰产，果实大，果肉硬度高，果蒂痕小而干，果肉清脆，风味佳。

②奥巴（Alba）。由西班牙 2009 年选育的中熟品种，需冷量极低，树冠直立，果实风味酸甜，果肉硬度较高，可以不落叶持续生长，自花结实率低，需要配置授粉树。

③阿伦（Arlen）。由美国北卡罗来纳州 2000 年选育的晚熟品种，低温需冷量为 700 小时左右，树冠直立，树势强，自花结实率高，果实大，果肉硬度较高，果蒂痕小，风味佳。

④彼尤伍德（Beauford）。由美国北卡罗来纳州 2005 年选育的中晚熟品种，低温需冷量为 600～700 小时，树势极强，自花结实率低，需要配置授粉树，果实中等大小，果肉硬度较高，果蒂痕小，风味佳。

⑤蓝脆（Bluecrisp）。由美国佛罗里达州 1997 年选育的中熟品种，低温需冷量为 500～600 小时，树冠较开张，树势中等，萌芽率高，果实中等大小，果肉硬度高，果蒂痕小，果肉清脆，风味佳。

⑥卡米莉亚（Camellia）。由美国佐治亚州 2005 年选育的

中早熟品种，低温需冷量为 450～500 小时，树冠直立，树势较强，果实大，果蒂痕小，果肉硬度较高，风味佳。

⑦卡特莱特（Cartaret）。由美国北卡罗来纳州 2005 年选育的中晚熟品种，低温需冷量为 600～800 小时，树冠直立，果实小，果肉硬度较高，果蒂痕小，风味较好。

⑧塞莱斯特（Celeste）。由西班牙 2010 年选育的中熟品种，需冷量极低，树冠直立，树势极强，能适应于各种类型的土壤，果实货架期长，风味极佳。

⑨科罗娜（Corona）。由西班牙 2009 年选育的中熟品种，需冷量极低，果实极大，果蒂痕中等大小，风味较好，植株常绿，树冠花瓶状，树势极强，能适应于各种类型的土壤，但需要异花授粉。

⑩科里文（Craven）。由美国北卡罗来纳州 2003 年选育的中早熟品种，低温需冷量为 600～700 小时，树冠直立，树势强，果实中等大小，果肉硬度较高，果蒂痕小，风味较好。

⑪德洛丽丝（Dolores）。由西班牙 2009 年选育的中熟品种，需冷量极低，果实极大，果肉硬度较高，果蒂痕中等大小，风味中等，花萼不易脱落。

⑫迪克西蓝（Dixiblue）。由美国农业部和密西西比州 2005 年共同选育的中熟品种，需冷量为 500 小时左右，树势强，树冠中等开张，果实中等偏大，果蒂痕较小，果肉硬度较高，风味较好。

⑬法辛（Farthing）。由美国佛罗里达州 2008 年选育的早熟品种，低温需冷量为 300 小时左右，树冠较开张，树势中等，萌芽率高，花期较晚，极易丰产，果实中等偏大，果蒂痕小，风味微酸。

⑭弗利克（Flicker）。由美国佛罗里达州 2010 年选育的早熟品种，低温需冷量为 200 小时左右，植株常绿或者落叶，部分年份萌芽较差，果实大，风味甜，果肉硬度高，果蒂痕小而

干，耐储运，果穗松散。

⑮古普顿（Gupton）。由美国密西西比州 2005 年选育的中熟品种，需冷量为 500 小时左右，树势强，树冠直立，果实中等偏大，果蒂痕较小，果肉硬度较高，风味较好。

⑯红鹰（Kestrel）。由美国佛罗里达州 2010 年选育的极早熟品种，植株常绿，果实大，果肉硬度高，风味浓郁、甜，果穗比较疏松，采收容易。

⑰勒诺（Lenoir）。由美国北卡罗来纳州 2003 年选育的中熟品种，需冷量为 600～700 小时，树冠半直立，果实中等偏小，果肉硬度较高，风味较好，果蒂痕较小。

⑱卢塞罗（Lucero）。由西班牙 2009 年选育的中熟品种，需冷量极低，植株常绿，树冠直立，果穗较紧，适合机械采收。

⑲露西娅（Lucia）。由西班牙 2009 年选育的晚熟品种，需冷量极低，冬季植株落叶，树冠花瓶状，果实风味佳、甜，果肉硬度高，需要异花授粉，适宜在排水良好的露地栽培。

⑳麦都拉克（Meadowlark）。由美国佛罗里达州 2010 年选育的极早熟品种，需冷量极低，果实风味较好，酸甜适口，果穗比较疏松，采收容易，果实成熟后在树上可以较长时间保持品质不变。

㉑新汉诺威（New Hanover）。由美国北卡罗来纳州 2005 年选育的中早熟品种，需冷量为 600～800 小时，树冠直立，但结果过多时枝条柔软下垂，果实中等偏大，果肉硬度高，颜色美观，果蒂痕小但湿，风味微酸。

㉒帕尔梅托（Palmetto）。由美国佐治亚州和美国农业部 2003 年选育的早熟品种，需冷量为 300～450 小时，树冠开张，树势中等，花期早易受晚霜危害，果实中等大小，果肉硬度高，风味较好，果蒂痕中等大小。

㉓帕姆利奥（Pamlio）。由美国北卡罗来纳州 2003 年选育

的中早熟品种，需冷量为 600 小时左右，树冠直立，果实中等偏小，果肉硬度较高，风味较好，果蒂痕小。

㉔天后（Primadonna）。由美国佛罗里达州 2007 年选育的极早熟品种，需冷量为 200 小时左右，树冠直立、圆形，树势中等，萌芽率低，果实大，果肉硬度高，风味佳，果实形状有时不规则，我国蓝莓产区有少量引种试栽。

㉕里贝尔（Rebel）。由美国佐治亚州 2006 年选育的极早熟品种，需冷量为 400～450 小时，树冠开张，树势强，萌芽率高，果实大，果肉硬度高，风味较好。

㉖罗西奥（Rocio）。由西班牙 2009 年选育的极早熟品种，需冷量极低，果实中等大小，美观，果肉硬度极高，酸甜适口，风味浓郁，植株常绿，树冠直立，自花结实率高。

㉗桑普森（Sampson）。由美国北卡罗来纳州 1998 年选育的中熟品种，需冷量为 600～800 小时，树冠半开张，树势强，丰产，果实大，果肉硬度较高，风味较好，果蒂痕小，容易结果过多，应控制产量。

㉘圣华金（San Joaquin）。由美国佛罗里达州 2008 年选育的早熟品种，需冷量为 400～500 小时，树冠直立，树势极强，果实大，果肉硬度高，风味甜，比明星更直立，丰产。

㉙圣达菲（Santa Fe）。由美国佛罗里达州 1999 年选育的早熟品种，需冷量 600 小时左右，不耐低温，树冠直立，树势强，萌芽率高，果实大，果肉硬度较高，果蒂痕小，风味甜，花期晚。

㉚圣提拉（Scintilla）。由美国佛罗里达州 2008 年选育的极早熟品种，需冷量为 200 小时左右，树冠直立，树势强，较丰产，花期早，果实大，果肉硬度高，果蒂痕小，风味较好。

㉛西布林（Sebring）。由美国佛罗里达州 2003 年选育的极早熟品种，需冷量为 200～300 小时，树冠直立，树势中等，果实中等偏大，果肉硬度高，果蒂痕小，风味较好。

㉜塞维利亚（Sevilla）。由西班牙 2009 年选育的晚熟品种，需冷量极低，果实大，风味浓郁、甜，植株冬季落叶，树冠开张，需要配置授粉树，适合在气候较干旱地区露地栽培。

㉝追雪（Snowchaser）。由美国佛罗里达州 2007 年选育的极早熟品种，需冷量为 200 小时左右，树冠直立，树势中，秋季容易开二次花，春季花期早易受晚霜危害，果实中等大小，果肉硬度较高，果蒂痕很小，风味较好，易感染茎腐病。

㉞南方佳人（Southern Belle）。由美国佛罗里达州 2002 年选育的早熟品种，需冷量为 400～600 小时，春季施用单氰胺后萌芽率较高，树冠开张，树势强，秋季容易开二次花，春季花期早易受晚霜危害，果实大，果肉硬度高，果蒂痕很小，风味较好，易感染果实疫腐病。

㉟南月（Southernmoon）。由美国佛罗里达州 1996 年选育的中熟品种，需冷量为 500 小时左右，树冠直立，树势中，萌芽率较高，有的地区植株死亡率较高，果实大，果肉硬度较高，果蒂痕小，风味极佳。

㊱春高（Springhigh）。由美国佛罗里达州 2005 年选育的极早熟品种，需冷量为 200 小时左右，树冠直立，树势强，萌芽率较高，果实大，果肉硬度较高，果蒂痕较小，风味较好，但高温气候下果实容易变软。

㊲春宽（Springwide）。由美国佛罗里达州 2006 年选育的早熟品种，需冷量为 200 小时左右，树冠稍微开张，树势强，容易结果过多，萌芽率较高，果实大，果肉硬度较高，果蒂痕较小，风味较好。

㊳萨米特（Summit）。由美国北卡罗来纳州和阿肯色州 1998 年选育的中晚熟品种，需冷量为 700 小时左右，树冠半开张，树势中，果实大，果肉硬度较高，风味较好，果蒂痕较小。

㊴熟自蓝（Suziblue）。由美国佐治亚州 2009 年选育的早

熟品种，需冷量为 400～450 小时，树冠开张，树势强，虽然冬季温度较高时部分叶片不脱落，但春季萌芽率仍然较高，果实大，果肉硬度较高，风味较好，果蒂痕较小。

㊵甜脆（Sweetcrisp）。由美国佛罗里达州 2007 年选育的早熟品种，需冷量为 200 小时左右，树冠直立，树体生长迅速，春季萌芽早，果实中等大小，果肉硬度高、脆，果蒂痕小，风味好。

2. 北高丛蓝莓品种

（1）全世界主栽的北高丛蓝莓品种

①奥罗拉（Aurora）。由美国密歇根州 2003 年选育的极晚熟品种，树势强，丰产性强，极抗寒，果实大，果肉硬度较高，果蒂痕小，风味偏酸。奥罗拉作为新的晚熟品种开始在冬季比较寒冷地区大量栽培，但因为风味问题，目前栽培速度变慢，我国蓝莓产区已经开始试栽。

②蓝丰（Bluecrop）。由美国新泽西州 1952 年选育的中熟品种，树冠直立，结果量过多时枝条容易下垂，丰产性好，抗寒，果实中等偏大，果肉硬度较高，果蒂痕小，风味好，是全世界栽培面积最大的北高丛品种，也是中国栽培面积最多的北高丛品种（彩图 2-7）。

③柯罗坦（Croatan）。由美国北卡罗来纳州和阿肯色州 1954 年选育的早熟品种，极丰产，树冠直立，果实品质中等，抗寒性中等，果实较软，风味较好，但在高温条件下成熟过快。

④德雷珀（Draper）。由美国密歇根州 2003 年选育的中早熟品种，树冠直立，树势中等，抗寒性强，果实大，果肉硬度高，果蒂痕小，风味好，耐储运，作为新的品种开始在冬季比较寒冷地区大量栽培。我国蓝莓产区已经开始试栽（彩图 2-8）。

⑤都克（Duke）。由美国新泽西州和农业部 1986 年选育

的极早熟品种，树冠直立，在栽培管理水平较低的情况下，树势会随着栽培年限的增加而很快衰弱，栽培中要格外重视土壤改良，抗寒性较高，但是，该品种根系容易受低温伤害，在寒冷地区应该注意根系防寒，果实中等偏大，果肉硬度高，果蒂痕中等大小，风味甜而清香、淡雅，是全世界温带地区栽培最广泛的早熟品种。我国蓝莓产区也开始作为主栽品种进行栽培（彩图 2-9）。

⑥埃利奥特（Eliott）。由美国密歇根州和农业部 1973 年选育的晚熟品种，树冠直立，抗寒性强，果实中等大小，果肉硬度较高，果蒂痕较小，风味较酸，作为晚熟品种在世界范围内栽培广泛。我国蓝莓产区也有栽培，但是由于风味偏酸，种植面积不大。

⑦泽西（Jersey）。由美国新泽西州 1928 年选育的中晚熟品种，树冠直立而且高大，抗寒性强，果实中等大小，果肉硬度较软，果蒂痕中等大小，风味较好，对不同土壤类型的适应性强。我国蓝莓产区有少量种植。

⑧利珀蒂（Liberty）。由美国密歇根州 2003 年选育的晚熟品种，植株直立，树势强，丰产，抗寒性强，果实大而硬，果蒂痕小，风味好，作为新的晚熟品种在温带种植区具有巨大的发展潜力。我国蓝莓产区已经开始试验栽培（彩图 2-10）。

（2）区域性栽培的北高丛蓝莓品种

①蓝金（Bluegold）。由美国农业部 1988 年选育的中晚熟品种，树冠矮小、分枝多，抗寒性强，果实中等大小，果蒂痕较小而干，风味较好，果肉硬度高，丰产，我国寒冷蓝莓产区有部分栽培。

②蓝鸟（Bluejay）。由美国密歇根州 1978 年选育的中早熟品种，植株直立，生长迅速，产量中等，树势强，丰产，抗寒性强，果实中等大小，果肉硬度较高，果蒂痕小，风味微酸，国外主要采用机械采收，作为加工果利用。

③蓝线（Blueray）。由美国新泽西州 1959 年选育的中早熟品种，树冠直立，抗寒性强，果实大而硬，果蒂痕中等大小，风味好，修剪不当容易结果过多。我国蓝莓产区有少量种植。

④蓝塔（Bluetta）。由美国新泽西州和农业部 1968 年选育的极早熟品种，树冠矮小，枝条生长量小，丰产性中等，果实中等大小，果肉硬度较高，风味较好。我国蓝莓产区有少量种植。

⑤布里吉塔（Brigitta）。由澳大利亚 1980 年选育的中晚熟品种，树冠直立，抗寒性中等，果实大，果肉硬度高，果蒂痕小，耐储运，风味酸甜适口，花期温度过高不易坐果，不适合冬季温度过低的地区露地栽培。我国各蓝莓产区均有栽培，北方寒冷地区主要用于温室栽培。

⑥钱德勒（Chandler）。由美国农业部 1994 年选育的中晚熟品种，树冠开张，抗寒性强，果实极大，果肉硬度较高，风味稍酸，果实成熟期长，适合自采果园或者果园直接销售，我国蓝莓产区有极少量试验种植。

⑦康威尔（Coville）。由美国新泽西州 1949 年选育的中晚熟品种，树冠中等开张，抗寒性较差，果实大，果肉硬度较高，果蒂痕中等大小，风味微酸。我国蓝莓产区有少量种植。

⑧达柔（Darrow）。由美国农业部 1965 选育的晚熟品种，树冠矮，抗寒性较差，果实较大，完全成熟时果实硬度较好，风味较酸，适合自采果园或者果园直接销售。我国蓝莓产区有部分种植。

⑨早蓝（Earliblue）。由美国新泽西州 1952 选育的极早熟品种，树冠直立，树势强，抗寒性中等，果实中等大小，果肉硬度较高，风味较好，果蒂痕中等大小，果柄与果实不易分离。

⑩哈迪蓝（Hardyblue）。由美国新泽西州 1900 年选育的

中熟品种，树冠直立，树势强，抗寒性较差，果实中等大小，风味甜，果实成熟集中可以整穗采收。

⑪尼尔森（Nelson）。由美国农业部1988年选育的中熟品种，树冠直立，丰产，抗寒性强，果实较大，果肉硬度较高，风味较好，果蒂痕小，适合作为奥罗拉和利珀蒂的授粉树。

⑫努伊（Nui）。由新西兰1989年选育的极早熟品种，树冠开张，树势中等，丰产性中等，抗寒性强，果实大，果肉硬度较高，风味较好。

⑬奥林匹亚（Olympia）。由美国华盛顿州1933年选育的中熟品种，需冷量极高，树冠开张，树势强，果实中等大小，果肉硬度较软，果蒂痕大，风味好。

⑭爱国者（Patriot）。由美国缅因州和农业部1976年选育的中早熟品种，树冠微开张、较矮，抗寒性强，但花期早易受晚霜危害，果实大，果肉硬度较高，果蒂痕小，风味好，适合自采果园或者果园直接销售。

⑮瑞卡（Reka）。由新西兰1986年选育的早熟品种，树冠直立，树势强，极丰产，进入丰产期早，抗寒性强，对不同类型土壤的适应性强，果实中等偏小，果肉硬度较高，风味较好，适合作为加工果。我国蓝莓产区有部分栽培，对我国南北气候条件均表现出较好的适应性（彩图2-11）。

⑯雷维尔（Revelle）。由美国北卡罗来纳州1990年选育的极早熟品种，树冠直立，果实小，果肉硬度高，风味较好，花期早易受晚霜危害，果实遇雨容易裂果，部分结果枝下部果实不容易变紫。

⑰鲁贝尔（Rubel）。由美国新泽西州1911年选育的中晚熟品种，树冠直立、高大，抗寒性强，果实小而硬，果蒂痕中等大小，风味较好，花青素含量高，适合作为加工果。

⑱斯巴坦（Spartan）。由美国农业部1978年选育的早熟品种，树冠直立，花期晚，果实大，果肉硬度较高，果蒂痕中

等大小，风味浓郁可口，对土壤要求严格。我国蓝莓产区有少量栽培。

⑲陶柔（Toro）。由美国农业部 1987 年选育的中熟品种，树冠直立、抗寒性强，果实中等大小，果肉硬度较高，果蒂痕较小，风味较好，丰产而且产量稳定。

⑳威口（Weymouth）。由美国新泽西州 1936 年选育的极早熟品种，树冠较矮，抗寒性强，果实中等大小，果肉硬度较软，果蒂痕中等大小，风味偏淡，目前很少有栽培。

（3）近年来新选育的北高丛蓝莓品种

①雄鸡（Chanticleer）。由美国农业部和新泽西州 1997 年选育的极早熟品种，树冠直立、高度中等，抗寒性强，丰产性中等，果实中等大小，果肉硬度较高，风味较好。

②艾克塔（Echota）。由美国北卡罗来纳州 1998 年选育的中晚熟品种，树冠半开张，树势强，抗寒性中等，自花结实率高，果实中等大小，果肉硬度高，风味偏酸，贮藏性好，货架寿命长。我国蓝莓产区有少量试栽。

③汉娜选择（Hannah's Choice）。由美国农业部 2005 年选育的早熟品种，树冠直立，树势强，抗寒性强，丰产性中等，果实中大，果肉硬度高，果蒂痕小，风味浓郁、甜。

④休伦（Huron）。由美国密歇根州 2009 年选育的早熟品种，植株直立，树势强，抗寒性强，丰产，果实大，果肉硬度高，果蒂痕小，风味甘甜。

⑤彭德（Pender）。由美国北卡罗来纳州 1997 年选育的中熟品种，树冠半开张，抗寒性中等，自花结实率高，果实小，果肉硬度高，果蒂痕小，风味较好。

3. 半高丛蓝莓品种

①北陆（Northland）。由美国密歇根州 1968 年选育的中早熟品种，树冠直立，树势强，萌芽率高，抗寒性强，极丰产，果实中等大小、果肉硬度较软，果蒂痕较小，成熟期较为

集中，风味较好，遇雨后容易裂果。北陆是我国北方蓝莓产区的主栽品种。

②北青（Northblue）。由美国明尼苏达州 1986 年选育的中早熟品种，树冠开张，萌芽率高，抗寒性强，果实中等偏大，果肉硬度较高，果蒂痕中等大小，风味稍微偏酸，适合我国北方寒冷蓝莓产区栽培或者自采果园栽培。

③北村（Northcountry）。由美国明尼苏达州 1986 年选育的中早熟品种，树冠开张、较矮，萌芽率高，抗寒性强，果实小，果肉硬度较软，果蒂痕中等大小，风味较甜，适合我国北方寒冷蓝莓产区栽培或者自采果园栽培。

④北空（Northsky）。由美国明尼苏达州 1986 年选育的中熟品种，树冠很矮，抗寒性强，果实小，果肉硬度较软，果蒂痕中等大小，风味较甜，适合我国北方寒冷蓝莓产区栽培或者自采果园栽培。

⑤北极星（Polaris）。由美国明尼苏达州 1996 年选育的早熟品种，树冠很矮，抗寒性强，果实中等大小，果肉硬度较高，果蒂痕中等大小，风味较好，适合我国北方寒冷蓝莓产区栽培或者自采果园栽培。

⑥圣云（St Cloud）。由美国明尼苏达州 1991 年选育的早熟品种，树冠中等，抗寒性强，果实中等大小，果肉硬度较高，果蒂痕小，风味较好，适合我国北方寒冷蓝莓产区栽培或者自采果园栽培。

⑦齐伯瓦（Chippewa）。由美国明尼苏达州 1997 年选育的中熟品种，树冠中等，抗寒性强，果实中等大小，果肉硬度较高，果蒂痕中等大小，风味较好，适合我国北方寒冷蓝莓产区栽培。

⑧舒泊尔（Superior）。由美国明尼苏达州 2008 年选育的晚熟品种，树冠中等高、开张，抗寒性强，非常丰产，果实中等偏小，果肉硬度较高，果蒂痕中等大小，风味较好，适合我

国北方寒冷蓝莓产区试栽。

4. 兔眼蓝莓品种

（1）全世界主栽的兔眼蓝莓品种

①阿拉帕霍（Alapaha）。由美国佐治亚州 2001 年选育的早熟品种，花期比顶峰（Climax）晚，但成熟期相同，需冷量为 450～500 小时，植株直立，树势强，丰产，果实中等大小，果肉硬度高，风味好，果蒂痕小而干，自花结实率高，不易裂果。

②奥斯丁（Austin）。由美国佐治亚州 1996 年选育的早熟品种，比顶峰（Climax）的花期和成熟期均晚几天，需冷量为 450～500 小时，植株直立，树势强，丰产，适应性强，果实大，果肉硬度较高，风味较好，果蒂痕较小，需要配置授粉树。

③灿烂（Britewell）。美国佐治亚州 1981 年选育的中早熟品种，需冷量为 450～500 小时，树势强，树冠直立，丰产，适应性强，果实中等偏大，果肉硬度较高，果蒂痕较小，遇雨容易裂果，风味较好而甜。灿烂是全世界近 15 年来栽培最普遍的兔眼品种，也是我国南方蓝莓产区的主栽品种（彩图 2-12）。

④布莱特蓝（Briteblue）。布莱特蓝是美国佐治亚州 1969 年选育的晚熟品种，需冷量为 600 小时左右，树冠较开张，树势中等，果实大，果肉硬度高，果蒂痕小而干，香味浓，但充分成熟前果实风味偏酸，适合自采果园。

⑤百夫长（Centurion）。美国北卡罗来纳州 1978 年选育的晚熟品种，比梯芙蓝（Tifblue）晚 1～2 周成熟，需冷量为 600～700 小时，树冠直立，树势强，丰产，果实中等大小，果肉硬度较高，果蒂痕较小，遇雨后容易裂果。

⑥顶峰（Climax）。美国佐治亚州 1974 年选育的早熟品种，需冷量为 400 小时左右，树冠稍微开张，树势中等，果实

中等大小，果肉硬度高，果蒂痕较小，风味佳，成熟期集中，但该品种易受晚霜危害，并易受花蓟马危害，所以其发展受到限制（彩图 2-13）。

⑦巨丰（Delite）。美国佐治亚州 1969 年选育的中熟品种，需冷量为 500 小时左右，树冠直立，树势中等，果实中等偏大，果肉硬度较高，果蒂痕较小，风味浓郁、甜。由于该品种极易感染蓝莓锈病，对土壤条件敏感，所以目前很少栽培。

⑧爱尔兰（Ira）。美国北卡罗来纳州 1997 年选育的晚熟品种，需冷量为 700～800 小时，树冠直立，树势较强，花期较晚，不易受晚霜危害，自花结实率高，果实中等大小，果肉硬度较高，果蒂痕较小，果实有香味，耐储运，比较适合自采果园。

⑨马鲁（Maru）。由新西兰 1992 年选育的极早熟品种，需冷量为 600～750 小时，树冠稍微开张，树势强，丰产，果实大，果肉硬度高，风味较好。

⑩克洛科尼（Ochlockonee）。美国佐治亚州 2002 年选育的极早熟品种，需冷量为 600～700 小时，树冠较直立，树势中等，极丰产，花期晚不易受晚霜危害，果实大，果肉硬度较高，果蒂痕小，风味甜，需要配置授粉树，不易雨后裂果。

⑪粉蓝（Powderblue）。美国北卡罗来纳州 1978 年选育的中晚熟品种，需冷量为 550～600 小时，树冠直立，树势强，丰产，自花结实率低，需配置授粉树，果实中等偏大，果肉硬度较高，果蒂痕较小，风味较好，不易裂果。我国蓝莓产区有部分栽培。

⑫杰兔（Premier）。美国北卡罗来纳州 1978 年选育的早熟品种，需冷量为 550 小时左右，树势强，丰产，自花结实率低，需配置授粉树，果实大，果肉硬度较高，果蒂痕较小，风味较好，需要及时采收以保持果肉的硬度，后期的花经常花冠不全或者缺失形成畸形花。我国蓝莓产区有部分栽培。

⑬拉希（Rahi）。由新西兰 1992 年选育的晚熟品种，需冷量为 600～750 小时，树冠开张，树势强，较丰产，果实中等大小，果肉硬度高，风味佳。

⑭梯芙蓝（Tifblue）。美国佐治亚州 1955 年选育的中晚熟品种，需冷量为 600～700 小时，树冠较直立，树势强，丰产，自花结实率低，需要配置授粉树，果实中等大小，果肉硬度较高，果蒂痕小，风味较好，雨后易裂果。20 世纪 90 年代前梯芙蓝为兔眼的主栽品种，目前很少栽植，我国蓝莓产区有栽培。

⑮乌达德（Woodard）。由美国佐治亚州 1960 年选育的中早熟品种，需冷量为 350～400 小时，树冠开张，幼树时期树势弱，成树后树势强，果实大，果肉硬度较软，果蒂痕中等大小，果实风味佳，但易受晚霜危害。由于果肉软，不适于鲜果远销。

（2）近年来新选育的兔眼蓝莓品种

①中央蓝（Centra Blue）。由新西兰 2008 年选育的极晚熟品种，需冷量为 600～750 小时，树冠半开张，树势中庸，果实大，果蒂痕小，果肉硬度高且沙质极低，适口性好。

②哥伦布（Columbus）。美国北卡罗来纳州 2003 年选育的中熟品种，成熟期比梯芙蓝稍早，需冷量为 600 小时以上，树冠半开张，树势中庸，丰产，自花结实率低，需要配置授粉树，果实大，果肉硬度高，果蒂痕中等大小，风味较好、香味浓郁，耐储运，雨后不易裂果。

③德索托（Desoto）。美国密西西比州 2003 年选育的中晚熟品种，需冷量为 600 小时以上，树冠稍开张、半矮化，成年树高不超过 2 米，树势强，果实中等偏大，果肉硬度高，果蒂痕小，风味较好。

④海洋蓝（Ocean Blue）。由新西兰 2010 年选育的中熟品种，需冷量为 600～750 小时，树冠半开张，树势中庸，果实

中等大小，果蒂痕小，果肉硬度高且沙质低，风味甜，可以作为鲜食中熟品种试验试栽。

⑤翁斯洛（Onslow）。美国北卡罗来纳州 2001 年选育的中晚熟品种，需冷量为 600 小时以上，树冠直立，树势强，自花结实，果实大，果肉硬度较高，果蒂痕小，风味好、香味浓郁。

⑥罗伯逊（Robeson）。美国北卡罗来纳州 2007 年选育的早熟品种，需冷量为 400～600 小时，树冠直立，树势强，在 pH 较高的土壤上能较好地生长，果实中等大小，果蒂痕小，但果肉硬度较软。

⑦香薄荷（Savory）。由美国佛罗里达州 2004 年选育的早熟品种，需冷量为 300 小时左右，树冠半开张，容易结果过多，果实大，果肉硬度高，果蒂痕小，风味好，但易受花蓟马危害，花期早易受晚霜危害。

⑧弗农（Vernon）。由美国佐治亚州 2004 年选育的早熟品种，需冷量为 450～500 小时，树冠开张，树势强，果实大，果肉硬度较高，风味甜，但需要配置授粉树。由于果实品质好、适宜长途运输及储运，近年来栽培面积增加较快。

第三章
蓝莓的形态特征与生物学特性

一、形态特征

（一）树体

蓝莓为杜鹃花科越橘属多年生灌木，越橘属所有种均为多年生灌木或小乔木。进行经济栽培的蓝莓有 5 个品种群：北高丛蓝莓、南高丛蓝莓、半高丛蓝莓、矮丛蓝莓和兔眼蓝莓。不同品种群间树体差异显著。矮丛蓝莓树高多为 0.15～0.5 米，南高丛和北高丛蓝莓植株树高多为 1.8～4.0 米，半高丛蓝莓高度介于高丛和矮丛蓝莓之间，而兔眼蓝莓可高达 7 米以上。蓝莓植株一般是由多个主枝构成灌木丛树冠，植株基部发出的新梢叫做基生枝，并在第二年木质化。

（二）芽

休眠的一年生蓝莓枝条通常在顶部着生花芽，花芽下部着生叶芽。花芽较大，圆润饱满，而叶芽较小，窄而尖。休眠的叶芽约 4 毫米长。每个花芽中花朵数量与其在枝条上的位置有关，距离顶部越远，花朵数量越少。以蓝丰为例，通常枝条顶部的花芽具有 9～10 朵花，顶部向下第 3 个花芽有 8 朵花，第

4 个花芽有 7 朵花。通常每个节位只有 1 个花芽，偶尔发现同一节位有 2 个花芽的现象，第 2 个花芽通常只有 2～5 朵花。枝条上花芽的数量还与枝条的粗度、品种和光照条件相关。不同品种间单花芽所含的花朵数量、每个结果枝所形成的花芽数量、主枝抽生侧枝能力等差异较大。

（三）叶

蓝莓的叶由叶托、叶柄和叶片 3 部分组成。蓝莓的叶片为单叶互生，交替排列在茎上，多为落叶，也有少数低需冷量品种在 0℃ 以上温度条件下保持常绿。叶片形状多样，从椭圆形、匙形、倒披针形至卵形。矮丛蓝莓叶片一般长 0.5～2.5厘米，椭圆形。高丛和半高丛蓝莓叶片为卵圆形。蓝莓叶片背面茸毛数量随品种不同有差异，大部分品种叶片背面有茸毛，而矮丛蓝莓叶片背面很少有茸毛。

（四）根

蓝莓根系分布范围较浅，根系不发达，无根毛结构，但是有内生菌根真菌寄生。在高丛蓝莓和兔眼蓝莓品种中，依据根的粗度和功能将蓝莓根系主要分为两种类型，一种是粗度在 11 毫米以下，主要起固定植株和贮藏养分功能的根；另一种是粗度在 1 毫米左右，呈线状的纤细根，主要作用是吸收水分和养分。蓝莓根系中约 50％ 的根位于树冠投影以内 30 厘米土层内，80％～85％ 的根在树冠投影以内 60 厘米土层内。蓝莓根系干重的 80％ 以上在 36 厘米土层以内。

（五）花和花序

蓝莓的花由花萼、花冠、雌蕊和雄蕊 4 部分组成，共同着生在花梗顶端的花托上，花梗又叫花柄，是枝条的一部分。

蓝莓花序为总状花序。花芽单生或双生于叶腋间，花芽一般着生在枝条上部。蓝莓花冠连在一起，4～5裂，颜色由白至粉，呈倒球形或倒坛状。雌蕊略长或略短于花冠。子房下位，4～5室，每室有胚珠一至多枚。每花8～10雄蕊，雄蕊嵌入花冠基部围绕花柱生长。雄蕊由花药和花丝两部分组成，花药上部有两个管状结构，管状结构末端有孔，用于散放花粉。雄蕊和雌蕊发育成熟后，花萼与花冠也发育成熟，这时花萼与花冠展开，雄蕊和雌蕊显露。

（六）果实

蓝莓果实为具有多种子的浆果，果实的大小、颜色受到栽培品种和环境条件的影响，高丛和矮丛蓝莓果实多为蓝色，被有不同程度的白色果粉。果实直径一般为0.5～2.5厘米，形状多为扁圆形，也有卵形、梨形和椭圆形，一般单果重0.5～1.5克。蓝莓果实多于授粉后的2～3个月成熟，高温可提早果实成熟时间。蓝莓果实颜色由浅蓝色至黑色转变时，表面有一层5微米厚的蜡质角质层。色素存在于表皮和表皮下层细胞，通过一圈维管束将其与皮质层的其余部分分开。蓝莓果肉大部分为白色。果实中心部分为具有5个木质化胎座的心皮，并附着多粒种子。中果皮中零星可见石细胞，在表皮下居多。

二、生物学特性

（一）营养生长和生殖生长

在大部分气候条件下，新梢在夏季中后期开始花芽分化。在一个枝条中通常是顶部的花芽先形成，先开绽，在一个花序中通常是基部的花芽先形成，先开绽。

蓝莓花芽分化通常分为分化初期、花序原基分化期、萼片原基分化期、花冠原基分化期、雄蕊原基分化期和心皮原基分化期。受到温度、湿度和光周期等气候条件的影响，分化时间通常为 5～8 周，在品种间有差异。蓝莓花芽分化对光周期十分敏感，花芽在短日照（12 小时以下）条件下分化，品种间有差异。温度对花芽数量影响较大，温度过高和过低都不利于花芽分化。吉林地区观察美登花芽分化期为 7 月初至 8 月末。如果秋季花芽分化期枝条出现早期落叶，则不能形成花芽，花芽只能形成在有叶的节上。通常认为北高丛蓝莓在冬季时不进行花芽分化，但如果环境条件适宜，北高丛蓝莓可在冬季持续进行花芽分化，现已观察到北方地区温室内北高丛蓝莓在冬季进行花芽分化的现象。而南高丛蓝莓品种花粉粒和胚珠的发育在整个冬季持续进行。由于秋季光周期变短，温度降低，蓝莓进入休眠状态，继而需要一定量的低温以满足蓝莓春季正常的芽萌发以及花、叶的生长。

当植株春季开始生长后花芽开始膨大，由于受到不同品种和温度的影响，通常从花芽开始膨大到完全开花需要 3～4 周时间。开花时顶花芽先开放，然后是侧生花芽。一般粗枝上花芽比细枝上花芽开放晚。在一个花序中，基部花先开放，然后中部花，最后顶部花。

叶芽在早春时期开始膨大，此时叶片开始在芽内发育。叶芽开绽较花芽开绽更缓慢，并且受栽培品种、低温阶段长短和早春温度等环境条件的影响。当叶芽开绽时，叶片呈紧凑的簇状环绕在茎的周围，但随着时间推移叶片在节内展开并相互分离。当叶芽内长至 6 个叶原基时，随着枝条的生长，其余叶片在新梢顶部形成。

蓝莓枝条的生长是合轴生长。蓝莓枝条开始生长迅速，后因枝顶败育而停止，枝顶败育也叫黑尖。在不同品种和环境条件下，新梢可能有 1 次、2 次或多次生长期。枝条通过腋芽的抽生和黑点的脱落进行更新。通常同 1 个节位只有 1 个休眠的叶芽形成新梢，2 或 3 个休眠的叶芽同时抽生新梢的情况也时有发生。北高丛品种通常有 2～3 个新梢生长期。

当植株基部发出新梢时，通常第一年不抽生二次分枝，多次生长期均沿着枝条顶部生长点进行。第二年结果后，花序下两至多个叶芽打破休眠开始生长，开始初次分枝。下一年，结果后多个叶芽开始生长，产生多个生长势较弱的细枝，如这些细枝结果，将对果实大小和产量产生不利影响。

（二）根系生长

北高丛蓝莓在生长季中根系生长有两个高峰。第 1 个较小的高峰发生在春季，发生时间约在坐果和果实膨大期至果实未成熟的绿果期。第二次发生在果实开始采收以后至植株进入休眠之前结束。很多研究将蓝莓根系按照粗度和着生位置进行分级，一般粗度较细，着生在根系分枝末端的为一级根，着生一级根的被称为二级根，以此类推，不同研究将蓝莓根系分为五级或七级。根系分级与其解剖、形态和功能等都存在一定的对应关系。蓝莓一级和二级根主要起吸收作用，寿命范围一般在 115～120 天，三级和四级根在功能上是从吸收到传导的过度，三级根的寿命一般在 136～155 天。前三级根无二次发育的现象，因此寿命有限，而五级以上根系可以进行二次发育，主要起传导和固定作用。菌根在一级和二级根上定殖*较多，在三级和四级根上定殖数量减少，而在四级以上根上未检测到其定殖。

（三）授粉和坐果

蓝莓柱头对花粉的接受能力随时间发生变化。以兔眼蓝莓

---

* 定殖，外源微生物进入根圈成为稳定的成员。

为例，兔眼蓝莓品种灿烂和梯芙蓝柱头接受能力在 0～6 天表现为先上升后趋于平稳。不同品种柱头接受能力在不同的阶段发生变化。以 5 个蓝莓品种为试材，采用柱头可授性的组织化学检测与田间蕾期延迟授粉的方法，研究了各品种的有效可授期。结果表明粉蓝、梯芙蓝、杰兔、芭尔德温和 S13 5 个兔眼蓝莓品种的最佳人工辅助授粉时期分别为花后第 2～3 天、第 4 天、第 2～4 天、第 2～3 天和第 2～4 天。关于授粉时期和坐果率的关系，现在仍无准确结论，在高丛蓝莓和矮丛蓝莓中，如果授粉延迟 3 天，坐果率显著下降。与之相反，兔眼蓝莓开花后 6 天授粉，坐果率仍然很高。

北高丛蓝莓、南高丛蓝莓和兔眼蓝莓最终果实的大小受种子数量的影响显著。不同品种果实大小对种子数量的响应变化显著。通常只有一部分胚珠会发育成种子，高丛和兔眼蓝莓每个果实有超过 110 个胚珠，但是发育成种子的数量很少超过一半。高丛蓝莓品种每个果实中种子数量在 16～74 个，而兔眼蓝莓品种每个果实有 38～82 个种子。通常发育完全的种子是棕色的、饱满的，而那些终止发育的种子是小的、不饱满的。大部分种子在盛花后的 40 天以内终止发育，均受其自交可育水平的影响。南高丛蓝莓品种夏普蓝胚珠终止发育时间发生在授粉受精后的 5～10 天。种子发育终止是种子发育过程中有害基因表达的结果。尽管种子数量对果实大小影响显著，但其他因素如传粉者的活动量、环境温度、负载量和水分供应情况等均对果实大小有不同程度的影响。

蓝莓异花授粉柱头饱和度要求较自交授粉更低。异花授粉与自花授粉相比在较低的四分体密度时就停止产生柱头黏液。通常蓝莓自交后四分体密度高于异交。而一旦萌发，自交和异交的花粉管在花柱中生长速度是一样的。比较自交的斯巴坦和异交的斯巴坦×蓝鸟时发现，自交和异交的花粉到达花柱底部的时间为授粉后 2 天，授粉后 6 天两种花粉均已进入胚珠。在比较自花授粉与异花授粉的南高丛和兔眼蓝莓时，发现 48 小时后异花花粉完全穿过花柱的比例更高，到 72 小时，两类花粉均已完全穿过花柱。

蓝莓落果通常发生在花后的 3～4 周，与兔眼蓝莓相比，高丛蓝莓发生较少。掉落的果实通常是那些在果实生长的初始阶段就不膨大并且不正常变红的果实。蓝莓自花花粉可以最终为胚珠受精，为自花授粉植物，但高丛蓝莓品种间坐果率差异较大，为 50%～100%。开放式授粉的兔眼蓝莓品种梯芙蓝坐果率为 36%，Southland（南陆）坐果率为 75%，梯芙蓝自花授粉坐果率只有 21%～27%，乌达德为 46%～60%，Bluegem（蓝宝）为 55%。花芽在枝上的位置对坐果率无稳定的影响。

（四）果实发育

蓝莓果实生长呈现出双 S 曲线，即通常分为 3 个阶段。阶段一的特点是细胞分裂和干物质积累迅速，这一阶段通常发生在盛花后 25～35 天，随品种和环境条件发生变化。阶段二时果实生长缓慢，但是种子发育较活跃，这一阶段通常发生在盛花后 30～40 天，随品种、环境条件和种子数量发生变化。高丛蓝莓品种与兔眼蓝莓品种相比，阶段二时间较短，但有部分重叠时间。阶段三为果实通过细胞增大而迅速生长期，这一阶段通常发生在盛花后 30～60 天，随种、品种和环境条件发生变化。在第三阶段，发生糖分积累和花青素积累过程中果实由绿转蓝。北高丛蓝莓果实发育阶段的总长度为 42～90 天，南高丛蓝莓果实发育阶段的总长度为 55～60 天，兔眼蓝莓果实发育阶段的总长度为 60～135 天。

关于蓝莓果实是否为呼吸跃变型果实仍有疑问。检测矮丛蓝莓和高丛蓝莓果实发育期间 CO_2 释放量的增加，发现在阶段三时达到峰值。兔眼蓝莓在红果期发生乙烯量的增加。然而在矮丛蓝莓和高丛蓝莓果实成熟期间未发现呼吸和乙烯量的变化。使用乙醛和乙烯处理高丛蓝莓也未能引起呼吸的变化。

蓝莓果实因其较高的保健价值被消费者所熟知，在蓝莓果实成熟的过程中，其有机成分发生不同程度的变化，一些研究检测了蓝莓果实成熟过程中有机成分的变化。以蓝丰和粉蓝两个蓝莓品种为试材，就其果实发育过程中糖、花青苷、总酚、类黄酮和苯丙氨酸解氨酶活性的变化情况进行了观测与分析。发现幼果期总酚和类黄酮含量较高，随着果实的逐渐发育，总酚和类黄酮含量整体呈下降趋势，而到成熟期略有上升；花青苷含量从幼果期开始逐渐增加；蓝莓果实花青苷含量与葡萄糖、果糖含量呈显著正相关；粉蓝的花青苷、含糖量、总酚、类黄酮等各项指标值均高于蓝丰。分析密歇根露地栽培泽西果实成熟过程中的有机成分含量，结果表明：果实开始上色的前6天颜色强度增加，后趋于平稳。在果实成熟的早期油脂和蜡的含量降低后保持恒定。在整个成熟的过程中，淀粉和其他复杂碳水化合物含量相对稳定。随着果胶甲基酯酶活性的增加，可溶性果胶含量降低。变色后9天总糖含量增加，然后趋于稳定。果实发育的后期阶段非还原性糖含量增加，但还原性糖含量降低，保持总糖含量恒定。果实成熟过程中，可滴定酸含量持续降低，导致糖酸比的稳定上升，当果实脱落后糖分积累停止。

检测不同栽培措施对高丛蓝莓糖酸组分的影响，发现增加负载量降低了果实糖含量，但对果实酸含量和果实贮藏品质无影响。增加氮肥可降低酸含量但对果实糖含量和采后品质有轻微影响。延长采收间隔时间可增加糖含量，降低可滴定酸含量和货架期。第3次采收的果实与前两次采收的果实相比糖含量升高，而可滴定酸含量降低，并缩短了果实的货架期。

果实成熟后，糖酸中的不同组分会发生变化，试验发现沃尔考特（Wolcott）果实成熟时，葡萄糖和果糖含量增加，柠檬酸含量降低。苹果酸和奎尼酸含量在成熟过程中降低不显著。成熟过程中的鲁贝尔和泽西柠檬酸含量随时间降低，且鲁贝尔柠檬酸含量一直高于泽西。

果实成熟过程中，由于酶催化细胞壁成分果胶、纤维素和半纤维素分解，蓝莓果实变软。这一过程在果实过熟时加速，并伴随着糖含量的增加和酸含量的降低。因此，随着果实成熟度的增加，果实变甜，同时也变软。不同蓝莓品种间，果实硬度变化差异较大。

（五）果实成分

蓝莓果实营养丰富，不同品种间存在差异。对引自美国的14个品种的蓝莓果实进行养分分析，发现蓝莓鲜果中含蛋白质、脂肪、碳水化合物、维生素、超氧化物歧化酶和钙、镁、锌、铜等微量元素（表3-1）。

除了丰富的营养外，蓝莓果实酸甜适口。蓝莓总糖含量为鲜重的10%以上，葡萄糖和果糖占总糖含量的97.9%～99.5%。总酸含量相对较高，范围在1%～2%，蓝莓果实主要的有机酸是柠檬酸。蓝莓果实还含有较大量的鞣花酸，鞣花酸被认为具有降低癌症风险的作用。每100克鲜蓝莓果实维生素C含量约为22.1毫克，与其他水果和蔬菜相比处于中等较低的水平。蓝莓果实中氨基酸含量中等较低，与其他水果不同的是精氨酸为其主要的氨基酸。

蓝莓鲜果中含有花青苷色素，含量高且种类丰富。花青苷色素主要位于蓝莓果实的紫色果皮部位，果皮的颜色可能是由5种花青苷形成的15种花色素的含量及比例而决定。

表 3-1　蓝莓果实营养成分

（胡雅馨等，2006）

成分	含量
大量营养*	
蛋白质	400～700 毫克
脂肪	500～600 毫克
碳水化合物	12.3～15.3 毫克
微量营养*	
维生素 A	24.3～30 微克
维生素 E	2.7～9.5 微克
功能因子*	
超氧化物歧化酶	5.39 国际单位
花青苷色素	0.07～0.15 克
微量元素**	
钙	220～920 微克
磷	98～274 微克
镁	114～249 微克
锌	2.1～4.3 微克
铁	7.6～30.0 微克
锗	0.8～1.2 微克
铜	2.0～3.2 微克

三、环境对生长发育的影响

（一）温度和光周期

多项研究表明短日照诱导高丛蓝莓和兔眼蓝莓花芽的形

---

* 为每 100 克鲜重含量，**为每克鲜重含量。

成。在北高丛蓝莓试验中表明，温室中恒温 21℃ 条件下，8 周的 8 小时、10 小时、12 小时日照时间与 14 小时和 16 小时日照时间相比，诱导更多的花芽。兔眼蓝莓品种顶峰和贝克蓝（Beckyblue），6 周 8 小时日照与 11～12 小时日照处理相比可形成更多花芽。高丛蓝莓花芽形成数量随其暴露在短日照条件下的时间增加而增加。通常花的诱导需要 5～6 周的短日照时间，不同品种间存在差异，已发现都克和蓝丰在 2 周 8 小时日照的条件下，已经形成部分花芽。

除光周期外，温度对花芽的形成也有影响。在生长季较长的气候条件下，南高丛蓝莓花芽形成发生在夏季。试验发现南高丛蓝莓夏普蓝和密斯提 8 周 21℃ 温度条件下诱导形成的花芽较 28℃ 温度条件下形成的更多，而植株干重和主枝的高度未受到温度影响。此外，蓝莓花粉发芽率和坐果率均受到温度的影响。以 20～41℃ 不同温度处理蓝丰、瑞卡、北陆、都克和布里吉塔花粉发现，整体上高温降低了 5 个蓝莓品种花粉发芽率和坐果率。处理后 12 小时发现，瑞卡、北陆和都克花粉发芽率在 29℃ 处理后显著下降，布里吉塔在 31℃ 处理后花粉发芽率显著下降，而蓝丰在温度为 33℃ 时花粉发芽率显著下降。蓝丰、瑞卡和都克在温度为 35℃ 时坐果率显著下降，布里吉塔在温度为 33℃ 时坐果率显著下降，而北陆在温度为 37℃ 时坐果率才发生显著下降。

温度对高丛蓝莓和兔眼蓝莓植株的生长发育有显著影响，且在不同品种间存在差异。如用锯末覆盖的高丛蓝莓根系生长高峰发生在温度为 14～18℃ 时，高温增加海岸（Gulfcoast）和蓝脊（Blue Ridge）叶片的气孔密度，但对奥尼尔的气孔密度无影响。35℃ 处理增大奥尼尔和蓝脊叶片气孔的长度、宽度和面积，但海岸的气孔长度比轻度高温处理前减小 23.5%；温度在 16～38℃ 时，南高丛蓝莓和兔眼蓝莓品种根、枝、干重与根系温度呈负相关。

　　高丛蓝莓和兔眼蓝莓盛花期、成熟间隔和收获日期变化较大，且与温度互作。温度对蓝莓的花粉活性有影响，进而影响蓝莓的坐果率，且不同品种对温度的敏感性有差异。较高的春季温度通常促进花期提前并加速花瓣掉落。在具有高产潜力和整齐成熟期基因型的半高丛蓝莓品种中，成熟间隔和负载量间呈正相关关系。高丛蓝莓坐果率、果实大小和收获时期在冷棚中（8～24℃）较暖棚中（16～27℃）更好。兔眼蓝莓品种坐果率、果实大小和收获时期在温暖的夜间温度（21℃）较冷凉夜间温度中（10℃）更差。

（二）需冷量

　　需冷量为落叶果树解除自然休眠所需的有效低温时数。一般落叶果树必需满足一定的需冷量才能萌芽开花，这也是果树对于冬季低温的一种自然适应能力。蓝莓一旦进入休眠，为了正常的生长发育就需要一段低温时间。已获得的高丛蓝莓品种需冷量时间为南高丛品种 150～800 小时，北高丛蓝莓品种 800～1 200 小时，兔眼蓝莓品种 300～700 小时。过短的低温时间可导致芽开绽时间的延迟和不规律。而低温时间不足对兔眼蓝莓梯芙蓝花芽开绽的影响大于其对叶芽发育的影响。

　　常用的估算落叶果树需冷量的模型有低于 7.2℃ 模型、犹他模型、动力学模型等。关于满足高丛蓝莓和兔眼蓝莓需冷量的最有效温度仍存在争议。虽然没有足够的数据支撑，但仍普遍认为兔眼蓝莓和南高丛蓝莓芽所需的最佳低温温度高于北高丛蓝莓。以下为部分蓝莓品种需冷量的试验结果：恒定 0.5℃ 可以满足高丛蓝莓品种柯罗坦和沃尔考特花芽和叶芽的需冷量，但对兔眼蓝莓品种乌达德和梯芙蓝，6℃ 更有效；温度在 1～12℃ 可以满足高丛蓝莓品种康维尔叶芽开绽的需冷量，但 6℃ 温度最有效；如间歇性出现 10.5℃ 以上温度对累计需冷量时数有负面影响；与恒定的 6℃ 相比，以"周"为单位交替进行 1~6℃和 6~12℃处理对康维尔叶芽开绽无显著影响；梯芙蓝花芽开绽需冷量在 3.3℃时为 450~650 小时，在 7℃或 10℃为 650~850 小时；Aliceblue（艾丽丝蓝）最佳低温温度为 7.2℃，有效低温范围为－2.5~15.9℃；乌达德最佳低温温度为 11.0℃，有效低温范围为－2.5~13.8℃；梯芙蓝的最佳低温温度为 6.7℃，有效低温范围为－1.2~12.9℃。

（三）冻害

在低温产区，冬季低温经常引起蓝莓花芽和新梢严重的伤害。枝条的不同成熟度和部位对低温的敏感度不同。利用人工模拟低温胁迫的方法研究了蓝莓一年生枝条尖端、一年生枝条基端和二年生枝条对低温胁迫的生理响应，发现一年生枝条尖端对低温胁迫更为敏感。当温度降低到－40℃时，不但抑制了蓝莓一年生枝条尖端可溶性蛋白的合成，并且一年生枝条尖端和基端的超氧化物歧化酶活性较－20℃时也有不同程度的降低，而一年生枝条基端和二年生枝条除了其本身代谢活性较低，对低温不敏感外，低温下有效积累渗透调节物质和增强抗氧化酶的活性在降低其膜质过氧化程度和电解质外渗方面发挥了重要的作用，是其具有较强抗低温能力的原因。

关于露地栽培蓝莓越冬伤害的原因，很多研究者认为是水分失调所造成的生理干旱，即抽条是最普遍的现象，认为休眠期的蓝莓能抵抗较低的低温，高丛蓝莓能耐－34℃低温，蓝莓的花芽和某些品种枝条甚至能抵抗－40℃低温。以露地不防寒和温室中的蓝莓品种蓝丰、Berkeley（伯克利）、M7、北村、北青的枝条和花芽为试材，鉴定其越冬期间受伤害的程度，发现不同品种露地越冬植株枝条的自由水、束缚水均低于温室内植株，认为露地越冬枝条和花芽失水是蓝莓越冬伤害的主要原因。通过对露地和温室栽培蓝莓的电导率、伤害程度和伤害率的调查，还得出越橘越冬伤害不仅仅是生理失水所造成的，冬季低温造成枝条冻害是蓝莓越冬伤害的重要原因。

蓝莓对低温的耐受能力还与基因型和品种有关。通常情况下，北高丛蓝莓与兔眼蓝莓和南高丛蓝莓相比，可以忍受更低的冬季温度。在完全休眠期，北高丛蓝莓基因型被发现可忍受 $-30 \sim -20℃$ 低温，兔眼蓝莓基因型可忍受 $-22 \sim -14℃$ 低温。对少数的南高丛蓝莓品种检测时发现，莱格西可忍受 $-17℃$ 低温，奥扎克兰可忍受 $-26℃$ 低温。具有 50% 的南高丛蓝莓种质的 Sierra（塞拉）可忍受 $-32℃$ 低温。半高丛蓝莓品种，北青可忍受 $-40℃$ 低温，花芽可忍受 $-36℃$ 低温。通过检测不同温度下蓝莓的电解质泄漏情况来确定其抗寒性，根据损伤发生率达 50% 的温度将 21 种蓝莓的抗寒性进行排序，得到：泽西＞北陆＞北青＞Dixi（迪克西）＞伯克利＝塞拉＞齐伯瓦＞蓝金＞Burlington（柏林顿）＞蓝鸟＞斯巴坦＞蓝丰＝北极星＞Sunrise（日出）＞都克＞Rancocas（蓝考卡斯）＞Herbert（赫伯特）＞夏普蓝＞Collins（考林）＞Bluehaven（蓝港）＞尼尔森。

兔眼蓝莓与高丛蓝莓相似，花芽受伤害所需的温度与其发育阶段相关。蓝莓花芽开始膨大但单个花朵仍未开放的花芽可以忍受 $-6℃$ 低温，而芽鳞脱落单个小花分开的花芽在 $-4℃$ 时即遭受冻害，单个小花分开且在花冠展开之前的花芽可在 $-2℃$ 低温下存活，而完全开绽的花芽在 0℃ 即遭受冻害。花芽耐受低温能力对比试验表明，兔眼蓝莓在花芽发育的后期，在单个小花可分辨但不能明显分开时，夜温 $-9℃$ 之后，芽的受伤害比例较高的为巨丰 98%、乌达德 85%；较低的为顶峰53%、布莱特蓝 56%、南陆 63%、梯芙蓝 63%。南陆完全开绽的花较巨丰、乌达德、顶峰和梯芙蓝更抗寒，可忍受 $-2℃$ 低温。

在早春，花芽对低温的耐受能力与品种适应性有一定关系，适应性较快较强的品种耐受能力较强。在进行试验的 12 个品种中，适应性最快的为北高丛蓝莓都克；适应速度居中的为北高丛蓝莓蓝丰和威口、南高丛蓝莓莱格西和奥扎克兰和兔眼蓝莓梯芙蓝；而适应速度最慢的为南高丛品种木兰（Magnolia）、北高丛蓝莓×兔眼蓝莓五倍体杂种、兔眼蓝莓×*Vaccinium constablaei* 品种小巨人（Little Giant）、半高丛蓝莓北村和北空。

温度的迅速变化也会对蓝莓花芽产生伤害，秋季通常会发生温度的迅速下降，此时期花芽也可能受到伤害。通常认为兔眼蓝莓和南高丛蓝莓品种与北高丛蓝莓品种相比，花芽对秋季温度的适应更慢，导致其更多的遭受秋季低温的影响。秋季叶片是否脱落对蓝莓抗寒性也有影响，叶片不脱落并不是好的预兆，如奥扎克兰叶片至秋季末期仍不脱落，但其抗寒能力仅相当于蓝丰秋季中期的水平。也有研究认为花芽抗寒性与秋季叶片不脱落无相关性。

蓝莓坐果率对冻害响应非常敏感。矮丛蓝莓植株保持在 -2℃低温 4 小时或 -3℃低温 2 小时，坐果率下降 42%～77%。在授粉后立即处于低温环境和授粉后 6 天处于低温环境结果相似。植株开花后暴露在 -1℃低温 1 小时可显著降低坐果率，但未发现低温引起的其他影响。

晚霜可伤害所有蓝莓品种的花芽，伤害程度与品种、部位和发育阶段有关。总的来说，南高丛蓝莓花芽和发育中的花低温耐受力强于兔眼蓝莓，而北高丛蓝莓品种花芽较南高丛蓝莓品种低温耐受力更强。花期晚的品种与花期早的品种相比，遭受的霜害较少，由于花期时晚霜已较少，并且花芽发育阶段与芽的相对抗寒性相关。与中部和基部的花芽相比，顶端的花芽抗寒能力相对较差，花柱较花冠对低温更敏感。以兔眼蓝莓灿烂为例，已开花朵的子房可以忍受 -4.4℃，花柱可以忍受 -3.4℃，而花冠可以忍受 -3.8℃。

（四）土壤环境

蓝莓喜欢轻质、酸性、有机质含量高并且保水能力好的土壤。所以在蓝莓定植前应选择适宜的土壤，通常具有中等黏土含量的土壤需要添加大量的有机物质，而应避免使用黏重的土壤和沙粒含量高的土壤。不同种和品种间有差异，因此在定植前要考虑土壤类型和品种。

在 pH 为 5.0、7.0 和 7.5 的土壤中分别栽培夏普蓝、奥尼尔、明星、早蓝和布里吉塔 6 个月后发现，根系活力随着 pH 的升高而降低，表明高的土壤 pH 会对蓝莓根系造成伤害，伤害程度与品种有关。已报道的适宜蓝莓生长的 pH 范围为 4.0～5.5。通常认为适宜高丛蓝莓的土壤 pH 范围为 4.0～5.2，与土壤类型有关，pH 最佳范围为 4.5～4.8。果实生产的最适 pH 略高于营养生长。土壤 pH 在最适 pH 之上时，通常使用硫黄调整土壤 pH，硫黄施用和种植之间的最小推荐时间间隔为 6 个月到 1 年。为了减少使用硫黄降低土壤 pH 对土壤微生物产生的负面影响并改善土壤腐殖质，建议掺入草炭或松树皮用于降低土壤 pH。如果土壤 pH 低于 4.0，通常通过添加生石灰增加到最适范围。

有机材料作为表面覆盖材料通常对蓝莓生长和产量有积极作用。有机覆盖可以减少土壤水分的蒸发，改善土壤结构，增加有机质含量，提升根系应对极端温度的能力。蓝莓的常见覆盖物包括泥炭苔、松树皮、锯末、干草、植物残留物、堆肥和塑料地面覆盖物等。覆盖的效果取决于覆盖材料的应用量、碳氮比、颜色和厚度以及有毒物质的含量。土壤类型也可以影响不同覆盖材料的效果。

与其他植物相比，蓝莓根系硝酸还原酶活性较低，因此将硝酸同化为有机化合物的能力较低。对应的蓝莓叶片硝酸还原酶也较低，生长在营养液中的蓝莓，以硝态氮为唯一氮源的植株与以铵态氮为唯一氮源的植株相比，生长速率降低 30%～60%。

蓝莓对磷需求量较低，很少出现缺磷现象，但有可能在高酸、沙质土壤或原本含磷量较低的土壤中出现。对于高丛蓝莓，建园前两年的幼树，适宜的氮磷比为 100：6.5，对于成年树适宜的氮磷比为 100：9。蓝莓钾含量的临界下限和上限分别为叶片干重的 0.35% 和 0.9%。由于镁和钾之间存在竞争，含钾量较高的有机堆肥的使用可能会导致蓝莓生长受抑制和镁吸收受限。叶片对钙需求量较低，因此缺钙现象比较罕见，但高丛蓝莓叶片钙含量低于干重的 0.13% 时即出现缺钙现象。建议的土壤钙镁比为 10：1，钙钾比为 5：1 时适宜蓝莓生长。高丛蓝莓叶片钙含量高于 1.0% 为钙含量过高。由于高浓度的钙积累而导致蓝莓生长受抑制可能是由于其产生有机酸的产量不足以控制组织 pH 的增加。

农家肥和堆肥的使用可以增加土壤中可利用的锌、铁和锰等微量元素。蓝莓生长在高 pH 土壤时通常表现出缺铁症状，在土壤 pH 为 5.2 时蓝莓可发生缺铁性失绿。过量的铜、镍和锌或磷导致缺铁，进而导致植株失绿。磷诱导的缺铁失绿可能的机制是形成铁磷酸盐造成内部固定，抑制根系对铁的吸收和从根系到地上部的运输。对于高丛蓝莓，最佳的叶片锰含量范围为每千克 50～350 毫克。而矮丛蓝莓叶片锰含量适宜范围为每千克 750～1 500 毫克。覆盖材料锰含量超过每千克 350 毫克时易出现毒害风险，应避免使用。

由于 pH 较低时铝离子溶解度的增加，铝毒害已成为 pH 小于 5.5 的酸性土壤中生长的重要限制因素。蓝莓对铝离子浓度较敏感，高浓度铝离子伤害蓝莓根系，减少植株对水分和矿质营养的吸收，抑制植株生长。

蓝莓对高盐浓度下钠离子和氯离子毒害非常敏感，部分有机肥料可导致钠和氯离子的积累。对于高丛蓝莓，叶片氯离子浓度高于每千克干重 0.5 毫克可以诱导毒害现象。兔眼蓝莓叶片钠含量在每千克干重 0.18～0.37 毫克即可引起钠毒害。随着盐浓度的升高，毒害现象可能会出现在幼叶上，继而造成叶片坏死和脱落。不同种栽培品种对盐胁迫的敏感性有差异。兔眼蓝莓品种巨丰和灿烂与梯芙蓝、杰兔和顶峰相比，对盐胁迫耐受能力更强。而用 100 毫摩尔/升氯化钠处理南高丛蓝莓夏普蓝和兔眼蓝莓灿烂、梯芙蓝时发现，南高丛蓝莓夏普蓝受影响更严重。

建议的兔眼蓝莓的土壤 EC 值阈值为 1.5 毫西/厘米，高丛蓝莓土壤 EC 值阈值为 2 毫西/厘米。建议的灌溉水中钠离子和氯离子浓度应分别低于 2.0 毫摩尔/升和 4.0 毫摩尔/升。相同灌水量的情况下，表面覆盖管理可以降低根域土壤 EC 值，也可以通过使用低浓度钙的方式缓解盐胁迫。

在许多越橘属植物的天然栖息地的酸性土壤中，有机质降解缓慢，氮和磷等矿质营养主要以有机结合形式存在。而杜鹃花类菌根可促进根系对氮、磷、铁等的吸收。杜鹃花类菌根（ERM）主要定殖在蓝莓最细的根上。ERM 在商业栽培生产的蓝莓根系定殖水平通常低于自然生长的蓝莓群落。氮素水平对蓝莓根系菌根定殖有不同程度影响。有研究表明增加氮肥施用量、总土壤氮含量和铵的使用会对高丛蓝莓根系 ERM 定殖产生负面影响。虽然低氮量可能会增加菌根定殖，但土壤氮含量太低可能会降低菌根的形成。

ERM 接种对蓝莓植株生长发育产生不同影响。在泽西根系接种分离自栽培的蓝莓根系的丛枝菌根真菌后，生长、分枝、叶面积均有提升。也有研究表明接种菌根真菌可改善植株生长、增加养分吸收或对植株生长无显著影响。评价 ERM 真菌对寄主植物的影响是比较复杂的过程，因为消除未接种植株根系自然生长的菌根的影响比较困难。而接种试验获得的不同结果也可能是由于不同的菌根真菌类型所导致的。也有报道表明蓝莓对相同的 ERM 真菌响应不同。因此在大规模使用 ERM 之前，应在相关的土壤条件和品种上进行试验。

第四章
蓝莓苗木繁育

蓝莓育苗是培育品种纯正、生长健壮、无病虫害的优质苗木的技术。优质苗木是高效栽培的基础。育苗工作最好由专业育苗机构承担。蓝莓育苗与其他果树育苗一样，需采用无性繁殖技术。

一、母本园的建立

母本园是栽植品种纯正母本树的园地。由母本园内的母本树提供繁殖的原材料，如插条、外植体等。蓝莓母本园选地标准、土壤改良、整地施肥、栽培管理技术及病虫害防治技术等都应高于生产园标准，定植株行距也应比生产园大。母本园除了正常的栽培管理，要对母本树各种变异进行严格的选择，及时剔除变异的枝条甚至整个植株，选择应贯穿生产的始终。母本园要与生产园有一定距离，以减少病虫害的感染概率。母本树株数可以是几株也可以是几十株，母本树产量应控制在较低水平，以保证提供充足的、品种纯正的、健壮的、无病虫害的繁殖材料。进入结果期的母本树才可以提供繁殖材料。

二、苗圃地的选择与划分

蓝莓苗圃地由温室、冷棚和露地构成。圃地选择标准高于生产园和母本园，应选在土质疏松肥沃、土层较厚、地下水位低、排水良好、酸性或微酸性、有灌溉条件、交通便利、远离生产园的地块。

根据繁殖方式的不同，将苗圃地划分为扦插苗区、组培苗区，以便于操作、管理、出苗等。

三、扦插繁殖

蓝莓茎上容易发生不定根，所以用茎扦插繁育苗木是蓝莓常用的繁殖方式。根据做插条的茎的生长状态可分为硬枝扦插和绿枝扦插。

（一）硬枝扦插

利用休眠期的茎做插条扦插繁殖苗木称硬枝扦插。硬枝扦插一般于早春进行。

1. 准备苗床　在温室或大棚里垂直棚向做 1.2～1.4 米宽的苗床，苗床深 12～15 厘米，苗床底部铺设洁净河沙 4～5 厘米厚，其上铺设泡好的苔藓 8～10 厘米厚。苔藓最好粉碎后使用，用杀菌剂 50％甲基硫菌灵可湿性粉剂或 50％多菌灵可湿性粉剂 600～800 倍液浸泡 12～24 小时后，稍微挤去水分，使其含水量在 70％左右，然后铺平压实，有条件的，可在苔藓下铺设电热线以提高地温。

2. 准备插条　剪取母本园母本树上品种纯正、生长健壮、无病虫害、度过休眠期的一年生蓝莓枝条作扦插材料，剪成带 2～4 个芽 4～6 厘米长的插条，顶部剪口距芽 1 厘米左右要平剪，基部剪成斜面，斜面最好在节的部位，将剪好的插条20～30根捆成一捆，注意基部对齐。将生根剂按说明配好，放入平底的桶或盆中，把成捆的插条放入，使基部浸于生根剂中，浸泡时间根据生根剂的使用说明即可。

3. 扦插 将生根剂处理过的插条按照株行距（4～6）厘米×（4～6）厘米插入苗床中，注意不能插倒。扦插深度以顶部露出一个芽为宜，压实插条基部苔藓，喷布杀菌剂后，覆上小拱棚薄膜，内置温度计和湿度计。

4. 扦插后管理 扦插后，小拱棚内气温控制在18℃左右，铺设地热线的苗床地温控制在20℃左右，小拱棚内气温若过高，可通过小拱棚外或棚室外覆盖遮阳网降温。小拱棚内湿度控制在80%左右，通过放风或喷雾调节。每周喷布一次杀菌剂，待生根后逐渐揭开小拱棚的薄膜，即先放小风，逐渐放大风，最后全部揭开。薄膜揭开后注意补充水分。展叶后，每隔10天喷施一次叶面肥。

（二）绿枝扦插

绿枝扦插也称嫩枝扦插，是用生长季的新梢作插条的扦插方法。

1. 准备苗床 绿枝扦插在生长季进行，苗床与硬枝扦插基本一致，只是不需要地温加热的装置。

2. 准备插条 选取品种园内品种纯正、生长健壮的母本树，将半木质化新梢剪下后，立即剪掉顶部过于幼嫩的部分，放入装有少许水的水桶中，同时做好品种标记，期间避免高温、暴晒。扦插前，将采来的半木质化枝条剪成带2～3个叶片的插条，下部斜剪，上部平剪，上部剪口距叶片0.5～1厘米，顶部叶片剪留1/2或2/3，去掉下面叶片。插条最好随采随扦插。插条也可选组培苔藓苗或钵苗。

3. 扦插 扦插前对插条进行生根剂处理，一般采用速蘸的方法，即让插条的基部在配好的生根剂里蘸一下，立即插入苗床的苔藓中，株行距一般采用（4～6）厘米×（4～6）厘米，扦插深度以叶片露出为宜，边插边压实基部苔藓，扦插时注意遮阳，同时注意及时喷雾保湿。每插完一床立即喷布杀菌剂，并覆上小拱棚，四周薄膜压严，内置温度计和湿度计。

4. 扦插后的管理　每天检查温湿度，因为此时处于生长季，气温较高，一旦小拱棚内温度过高、湿度过低，会严重影响扦插成活率。一般通过遮阳、喷雾等降低温度，通过喷雾补充湿度。小拱棚内气温控制在25℃左右，扦插初期棚内相对湿度控制在95％以上，30天后逐渐降低湿度，相对空气湿度控制在80％～90％，50天后逐渐揭开小拱棚放风。保持苔藓含水量在65％左右。期间每隔7～10天喷布一次杀菌剂，50天后可喷施叶面肥，每隔10～15天喷施一次。

5. 苔藓苗上钵　当苔藓苗高度达25～30厘米即可上钵，一般选择直径8～12厘米不等的营养钵，营养土一般采用1/3草炭土、1/3腐熟牛粪、1/3园田土混合，再用筛子筛过备用。起苗时，先将苔藓苗连同苔藓轻轻拔起，再分株轻轻抖落上面的苔藓，切勿用力拉扯，以免伤根过多。上钵时，先在钵中放入1/4～1/3营养土，再放入苗，最后加营养土压实，留1.5～2厘米顶隙。注意苗不能栽得过深或过浅。上钵后，立即喷透水，并排摆放在温室中，注意适当遮阳，一般7～10天即可完成缓苗。

四、组织培养繁殖

　　组织培养是指在无菌和人工控制的条件下，利用适当的培养基，对植物的离体器官、组织、细胞及原生质体进行培养，使其再生细胞或培育成完整植株的技术。组织培养繁殖是指利用植物组织培养技术对外植体进行离体培养，使其短期内获得遗传性一致的大量再生植株的方法。由于培养的植物材料脱离了植株母体并且繁殖速度快，因此也称离体快繁。由于无菌繁殖体系的建立、大量增殖阶段及生根阶段是在室内或温室内完成，所以也称工厂化育苗。组织培养繁殖是蓝莓主要的育苗方式。与其他育苗方式相比，组织培养繁殖具有繁殖速度快、苗木整齐、根系发达、定植成活率高及周年生产等优点。组织培养繁殖要具备组培室、温室、冷棚及露地苗圃等场地条件。

（一）组培室及功能

组培室通常包括准备室、无菌操作室、培养室和温室。

1. 准备室　在准备室主要进行一些器具的清洗、干燥保存，培养基的制备及灭菌，蒸馏水的制备，化学药剂的保存等。

2. 无菌操作室　是进行植物材料的消毒、接种及培养物继代转接的操作场所。无菌操作室要定期消毒。消毒方法，①定期用甲醛和高锰酸钾反应产生的气体熏蒸灭菌。②紫外线灯灭菌，室内安装紫外线灯，工作前开灯 20 分钟左右灭菌。无菌操作室应保持无尘、清洁状态。工作人员进入无菌操作室前，应更换洁净并经过紫外线灭菌的工作服、帽子和鞋子。

3. 培养室　接种和转接后的材料要放在培养室中进行培养，使其生长及分化。培养室的温度、湿度和光照通过空调、湿度调节器和培养架子上的白色日光灯控制。培养室温度一般控制在（25±2）℃。光照度 4 000 勒克斯左右，每天光照时间 12~14 小时。培养室的相对空气湿度保持在 70%~80%。

4. 温室　温室的作用有两个，其一是栽植母本树，提供少菌健康的植物材料，其二是组培瓶苗炼苗的良好场所。

（二）主要仪器设备

组织培养繁殖时需要的主要仪器设备包括玻璃器皿、金属器械及基本设备。

1. 玻璃器皿 常用的玻璃器皿包括 250 毫升带塑料盖的果酱瓶，500 毫升、1 000 毫升烧杯和量筒，100 毫升、200 毫升、500 毫升、1 000 毫升容量瓶，200 毫升、500 毫升、1 000毫升试剂瓶，移液管和移液枪等。果酱瓶用来装培养基培养用，用量较大。烧杯、容量瓶用来配制母液。试剂瓶用来贮存各种母液。量筒、移液管或移液枪用来制作培养基时量取母液用。

2. 金属器械 金属器械有医疗上使用的剪子、镊子等。剪子用来剪切培养材料，镊子用来接种。

3. 基本设备 无菌操作设备有超净工作台、高压灭菌锅及恒温干燥箱等；培养设备有空调、湿度调节器、定时器及培养架等；药品贮存、母液配制设备有冰箱、托盘天平和分析天平等。其他设备包括操作台、电炉、水浴锅、蒸锅、药品柜及陈列架等。

（三）基本操作

植物组织培养是一项技术性很强的工作，熟练掌握植物组织培养的无菌操作技术是组织培养繁殖成功的关键。

1. 玻璃器皿的清洗 新购进的玻璃器皿应先用 1% 稀盐酸或 1% 高锰酸钾溶液浸泡 8～12 小时，然后用无磷的肥皂粉水或洗衣粉水刷洗，最后用自来水清洗，烘干或沥干水分备用。

对已经用过的培养器皿，先将残存的培养基除去，然后用无磷的肥皂粉水或洗衣粉水等洗涤剂溶液浸泡，再用刷子刷洗，最后用自来水清洗，沥干水分备用。

对被霉菌、细菌等污染的玻璃器皿，必须在 121℃高温及高压灭菌后，再用无鳞的肥皂粉水或洗衣粉水等洗涤剂溶液浸泡，之后用刷子刷洗，最后用自来水清洗，沥干水分备用。切忌被污染的器皿直接用水清洗，否则会造成培养环境的污染。洗净的玻璃器皿，应内外壁均匀透明、不挂水珠。

2. 灭菌 组织培养中的灭菌分为器具灭菌、培养基灭菌、无菌操作室和培养室的灭菌，以及操作步骤中的灭菌。

（1）器具的灭菌 金属器具多采用干热灭菌法。具体做法是将需要灭菌的器具用铝箔包好，放入温度设定为150℃的恒温干燥箱内，保温2小时，待温度降到室温，取出冷却后便可以使用。

玻璃器皿常采用高温高压蒸汽灭菌。具体做法是将需要灭菌的器皿用锡纸或牛皮纸包好，放在高压灭菌锅专用的网筐内，灭菌锅事先加好水，再将网筐放入，封好盖后设定灭菌温度121℃，灭菌时间10~20分钟。待灭菌结束，锅内温度降至50℃以下时，将灭菌物取出，放在无菌操作室或清洁的地方备用。

（2）培养基的灭菌 培养基灭菌采用高温高压灭菌法，即使用高压蒸汽灭菌锅来灭菌。培养基分装密封后放入高压蒸汽灭菌锅，设置温度为121℃，灭菌时间依据培养瓶内培养基的量决定，组织培养繁殖时一般灭菌20分钟。灭菌结束后，待锅内压力降至零时才可打开锅盖，以免发生危险。

（3）环境的灭菌 无菌操作室和培养室采用甲醛和过量的高锰酸钾反应产生的气体熏蒸，同时结合紫外线灯灭菌。熏蒸方法是容器中放入高锰酸钾和甲醛，一般每平方米需要2毫升甲醛和过量的高锰酸钾，最好在房间的不同部位多放几个容器，操作时工作人员要戴口罩，加药后迅速离开。

无菌操作室和培养室要安装紫外线灯，定期打开紫外线灯灭菌。紫外线灯灭菌时，工作人员需要离开，不可直接暴露在紫外光下。

（4）无菌操作 组织培养繁殖的主要操作是在无菌条件下完成的，无菌条件是通过酒精棉、酒精喷壶及酒精灯来保障。使用的酒精浓度为70%，通过无水乙醇或95%酒精稀释而来。一般在工作前打开超净工作台，并打开其上的紫外线灯，灭菌30分钟后关闭，工作人员方可换上工作服坐到台前操作。首先用准备好的70%酒精棉球消毒手和小臂，所用器具及台面用酒精喷壶喷布消毒，消毒后的器具放到 90％酒精瓶中灭菌，待超净工作台台面干爽，点燃台上的酒精灯，在植入或移植材料的前后培养瓶的瓶口最好用酒精灯火焰烧烤灭菌，使用浸泡的镊子、解剖刀等用具前也要在酒精灯上烤干，放到灭菌支架上备用。剪子和镊子也可用电热灭菌器灭菌，但注意也要等到冷却后方可使用。

（四）培养基的组成

1. 基本培养基的选择　培养基是决定植物组织培养成败的关键因素之一。选择适宜的培养基是极其重要的。根据蓝莓对营养条件的特殊要求，一般采用改良 1/2 MS 培养基（大量元素减半）和 WPM 培养基为基本培养基。蓝莓组织培养繁殖采用固体培养基。MS 培养基和 WPM 培养基配方如下（表 4-1、表 4-2）。

表 4-1　MS 培养基配方

母液名称	成分	规定量（毫克/升）
大量元素	硝酸钾（KNO_3）	1 900
	硝酸铵（NH_4NO_3）	1 650
	磷酸二氢钾（KH_2PO_4）	170
	硫酸镁（$MgSO_4 \cdot 7H_2O$）	370
微量元素	碘化钾（KI）	0.83
	硼酸（H_3BO_3）	6.20
	硫酸锰（$MnSO_4 \cdot 4H_2O$）	22.3
	硫酸锌（$ZnSO_4 \cdot 7H_2O$）	8.60
	钼酸钠（$Na_2MoO_4 \cdot 2H_2O$）	0.25
	硫酸铜（$CuSO_4 \cdot 5H_2O$）	0.025
	氯化钴（$CoCl_2 \cdot 6H_2O$）	0.025
钙盐	氯化钙（$CaCl_2 \cdot 2H_2O$）	440
铁盐	乙二胺四乙酸二钠（Na_2-EDTA）	37.3
	硫酸亚铁（$FeSO_4 \cdot 4H_2O$）	27.8

（续）

母液名称	成分	规定量（毫克/升）
有机成分	肌醇	100
	盐酸硫胺素（维生素 B_1）	0.1
	烟酸（维生素 B_3）	0.5
	盐酸吡哆醇（维生素 B_6）	0.5
	甘氨酸	2.0

表 4-2　WPM 培养基配方

母液名称	成分	规定量（毫克/升）
大量元素	硫酸钾（K_2SO_4）	990
	硝酸铵（NH_4NO_3）	400
	磷酸二氢钾（KH_2PO_4）	170
	硫酸镁（$MgSO_4 \cdot 7H_2O$）	370
	硝酸钙［$Ca(NO_3)_2 \cdot 4H_2O$］	556
	氯化钙（$CaCl_2 \cdot 2H_2O$）	96
微量元素	硫酸锰（$MnSO_4 \cdot 4H_2O$）	22.4
	硫酸锌（$ZnSO_4 \cdot 7H_2O$）	8.60
	钼酸钠（$Na_2MoO_4 \cdot 2H_2O$）	0.25
	硫酸铜（$CuSO_4 \cdot 5H_2O$）	0.25
铁盐	乙二胺四乙酸二钠（Na_2-EDTA）	37.3
	硫酸亚铁（$FeSO_4 \cdot 4H_2O$）	27.8
有机成分	肌醇	100
	盐酸硫胺素（维生素 B_1）	1
	烟酸（维生素 B_3）	0.5
	盐酸吡哆醇（维生素 B_6）	0.5
	甘氨酸	2.0

2. 培养基的构成

（1）水分　构成培养基的绝大部分组分为水。一般用蒸馏水来配制培养基，生产上为了降低成本可以用自来水代替蒸馏水，由于自来水中含有钙、镁、氯等元素的离子，还含有有机物质。因此，最好将自来水煮沸，经冷却沉淀后再使用。

（2）无机盐类　根据植物对无机盐需要量的多少，将其分为大量元素和微量元素。植物培养基中大量元素有氮（N）、磷（P）、钾（K）、钙（Ca）、镁（Mg）、硫（S）、钠（Na）和氯（Cl）。培养基中添加的微量元素包括铁（Fe）、锰（Mn）、锌（Zn）、硼（B）、钴（Co）、钼（Mo）、铜（Cu）。无机盐以化合物的形式加入培养基。

（3）有机营养成分　培养基中的有机成分包括糖类物质、维生素类及氨基酸类。常用的糖类为蔗糖，一般用量为每升 $20\sim30$ 克。培养基中常用的维生素类包括维生素 B_1（盐酸硫胺素）、维生素 B_6（盐酸吡哆醇）、维生素 B_{12}、维生素 C、烟酸和肌醇等。一般使用浓度为每升 $50\sim100$ 克。培养基中常用的氨基酸有甘氨酸、酪氨酸、丝氨酸、谷氨酰胺、天冬酰胺等。用量每升在 $1\sim3$ 克。

（4）植物生长调节剂　植物生长调节剂在培养基中的用量虽然微小，但是其作用很大，在植物组织培养中起着极其重要的作用。蓝莓组织培养常用的有生长素和细胞分裂素。常用的生长素有吲哚乙酸（IAA）、吲哚丁酸（IBA）、萘乙酸（NAA）等。生长素在培养基中使用的浓度为 $1\times10^{-7}\sim1\times10^{-5}$ 摩尔/升。蓝莓组织培养常用的细胞分裂素有玉米素（ZT）和反式玉米素。细胞分裂素在培养基中使用的浓度为 $1\times10^{-7}\sim1\times10^{-5}$ 摩尔/升。

（5）天然有机添加物　椰子汁（ $100\sim150$ 毫升/升）、酵母提取液（ $0.01\%\sim0.5\%$ ）、番茄汁（ $5\%\sim10\%$ ）、黄瓜汁（ $5\%\sim10\%$ ）、香蕉泥（ $100\sim200$ 毫克/升）等天然有机物的添加，有时会有良好的效果。

（6）pH　培养基的 pH 也是影响植物组织培养成功与否的因素之一。在灭菌前，培养基的 pH 一般需要调节，根据所培养的植物种类来决定。降低 pH 使用 1 摩尔/升盐酸（HCl）溶液，提高 pH 使用 1 摩尔/升氢氧化钠（NaOH）溶液。蓝莓组织培养的培养基 pH 在 5.5～6 为宜。

（7）凝固剂　在配制固体培养基时使用凝固剂。最常用的凝固剂是琼脂，一般用量为 8～19 克/升。在培养基 pH 过低或琼脂纯度不高时，应适当增加其用量。在灭菌时间过长、空气湿度过高时也会影响琼脂的凝固。

（8）其他添加物　有时为了减少外植体的褐变，需要向培养基中加入一些防止褐化的物质，如活性炭、维生素 C 等。此外，在培养灭菌比较困难的材料时，也可以添加一些抗生素如青霉素、氯霉素等。

（五）组织培养繁殖技术

蓝莓组织培养繁殖技术一般包括母液的配制与保存；培养基的配制、灭菌与保存；无菌繁殖体系的建立阶段，也称初代培养；瓶苗大量增殖阶段，也称继代培养；瓶苗复壮阶段和瓶苗生根阶段。

1. 母液的配制与保存　首先根据所用基本培养基的配方准备好所需要的药品、试剂，组织培养所用试剂均采用分析纯试剂。同时准备浓盐酸（HCl）、氢氧化钠（NaOH）、无水乙醇、氯化汞（$HgCl_2$）、pH 试纸、琼脂粉和蔗糖。

为了方便和提高工作效率，一般先将基本培养基所用的药品配制高倍数的母液备用，一般配成四液式或五液式。四液式分别是大量元素母液、微量元素母液、铁盐母液和有机成分母液。五液式将大量元素中的钙盐单独配成母液。

按照配方用量和所要配制的倍数，分别称量各试剂，分别溶解，按组定容。对较难溶解的试剂，可借助水浴锅溶解，注意同一组（如大量元素组）中的试剂溶解时用水不能超过定容的量，比如定容 1 000 毫升，溶解时用水 700～800 毫升，留

200 毫升用来涮容器。定容后的母液装入试剂瓶，瓶上标签标明母液名称、倍数及配制日期，放入冰箱冷藏保存。同时配制 0.1～1 毫克/毫升生长素和细胞分裂素溶液（需冷藏），配制 1 摩尔/升盐酸（HCl）溶液、1 摩尔/升氢氧化钠（NaOH）溶液、70％酒精溶液以及 0.1％氯化汞（$HgCl_2$）溶液。生长素一般采用无水乙醇助溶，细胞分裂素采用 1 摩尔/升盐酸（HCl）或氢氧化钠（NaOH）溶液助溶。70％酒精溶液以及 0.1％氯化汞（$HgCl_2$）溶液最好随配随用。

2. 培养基的配制、灭菌与保存

（1）称量琼脂、蔗糖　蓝莓组织培养繁殖采用固体培养基，琼脂既是凝固剂也起支撑作用。根据琼脂粉的纯度不同，1 升培养基需要放入 8～10 克琼脂粉。蔗糖在组培时提供碳源，同时调节渗透压。一般 1 升培养基需要放入 20～30 克蔗糖。琼脂粉和蔗糖可用托盘天平称量，放到一个烧杯里。

（2）量取母液　母液的量取量即每升培养基母液的用量，分别用 1 000 除以母液的倍数，若一次做 N 升培养，再乘以 N。用量筒分别量取母液放入一个烧杯中。

（3）溶解琼脂和蔗糖　先在锅中加少许水，将琼脂和蔗糖放入锅中，溶解过程中要不停地用玻璃棒搅动，以防煳锅底。

（4）定容、煮沸　将溶好的琼脂粉和蔗糖溶液与量取的母液放到一起定容到想要配制的容积，再次放到锅中煮沸，煮沸过程中注意搅动。

（5）调节 pH　采用 pH 试纸测定培养基 pH，蓝莓组织培养培养基适宜的 pH 为 5.5～6，如果不在此范围内，需要用 1 摩尔/升盐酸（HCl）或 1 摩尔/升氢氧化钠（NaOH）溶液调整。加 1 摩尔/升盐酸（HCl）或 1 摩尔/升氢氧化钠（NaOH）溶液时，要一滴一滴地加入，同时用 pH 试纸测定 pH，直至达到标准。

（6）分装、灭菌、保存　煮沸后，趁热将培养基分装到培养瓶中，分装量一般是培养瓶的 1/5～1/4，分装后立即封口，在高压灭菌锅中 121℃灭菌 20 分钟。灭菌结束后，待高压灭菌锅压力降到零时，拿出培养基，平放到无菌操作室操作台或陈列架上备用。

3. 初代培养 初代培养也称无菌繁殖体系的建立，包括外植体的采集与处理、修整与冲洗、灭菌、接种与培养。

（1）外植体的采集与处理 用来做初代培养的植物材料称为外植体。在母本园中，选择品种纯正、生长健壮、无病虫害的母本树，剪下半木质化的新梢后，立即去掉顶端过于幼嫩的部分，其余部分去掉叶片留下一小段叶柄，一般 30～50 条一组，挂牌标记品种、采集地点和时间，用洁净的湿毛巾包好，外罩塑料袋密封，迅速带回室内，进行初代培养处理或放入冰箱冷藏。一般每个品种不少于 200 个有效叶芽。外植体冷藏时间最好不超过 15 天。

（2）外植体的修整与冲洗 将采回的外植体剪成带 1 个芽的茎段，长度 1.5～2 厘米，节间短的品种可剪成 2 个芽的茎段，一般茎段上部剪口距芽不少于 0.5 厘米，下部剪口距芽 0.5 厘米以上，将剪好的茎段放入烧杯，用纱布封好烧杯口，用自来水流水冲洗 20～30 分钟，沥干水分备用。

（3）外植体的灭菌 外植体灭菌是初代培养过程中最重要的环节。灭菌不彻底，外植体长细菌、真菌最后死亡；灭菌过度，细菌、真菌清除了，外植体也死了。因此，以外植体灭菌是在保证外植体一定成活率的前提下，清除杂菌。外植体灭菌在超净工作台上完成。

在做好准备工作的超净工作台上，将沥干水分的茎段，每次 50 个放入已灭菌的 200～250 毫升的试剂瓶中，倒入 70%的酒精并晃动试剂瓶 8～12 秒迅速倒出，再倒入 0.1%的氯化汞（$HgCl_2$）浸泡 10～20 分钟，期间不停晃动试剂瓶，使灭菌剂均匀接触外植体表面。氯化汞灭菌到时间后，立即倒出氯化汞（$HgCl_2$）溶液，用无菌水清洗 4～6 遍，沥干水分备用。灭菌时间依据外植体的半木质化情况和带菌多少进行调整。无菌水是蒸馏水通过高温高压灭菌获得的，也可用自来水烧沸冷却沉淀后再灭菌获得。

（4）外植体的接种与培养　灭菌结束后立即进行接种，将外植体接种到事先准备好的初代培养基中，每瓶接种一段，以防交叉感染。注意无菌操作，且外植体不能插倒。

将接种后的培养瓶移至培养室，在（25±2）℃、空气相对湿度 80％、光照度 3 000～4 000 勒克斯、每天光照时间12～14 小时条件下培养。当外植体叶芽萌发生长正常，并且没有杂菌污染，说明初代培养成功，即无菌繁殖体系已建立。

4. 继代培养　当初代培养叶芽萌发长到 2～4 厘米时，即可进行继代培养。在无菌操作条件下，将初代培养长出的新梢剪下，分成长 1.5～2 厘米茎段，接种到事先准备好的继代培养基中。一般每个培养瓶接种 5～7 个茎段，放入培养室培养，培养条件同初代培养。继代培养可以多次进行，即继代瓶苗可以连续多次进行继代培养，实现迅速增殖。继代培养的增殖率一般在 500％～800％，即一瓶苗可以转接 5～8 瓶。繁殖率过高，瓶苗纤弱，无效苗比例会增加。

5. 瓶苗复壮　蓝莓采用瓶外生根，即在温室内用苔藓做的苗床上生根。由于多代的继代培养，瓶苗会比较纤细，直接影响生根操作和成活率。因此，继代瓶苗常经过 1～2 代瓶内复壮后，再进行生根炼苗。

复壮时调整培养基中激素浓度，一般采用比继代培养低的生长素浓度，不加或少加细胞分裂素，使瓶苗不分生或较少分生，生长健壮，利于炼苗生根。复壮培养每瓶可接 10～15 个茎段。

6. 瓶苗的生根炼苗　此环节在温室内完成，主要技术环节包括准备苗床、瓶苗剪段扦插及扦插后的管理。

（1）准备苗床　在温室内做苗床，规格同扦插繁殖。苔藓浸泡消毒及铺设方法同扦插繁殖。苔藓经粉碎后使用效果更好。

（2）瓶苗剪段扦插　将组培瓶苗在温室内用镊子取出，剪掉基部愈伤组织部分，将苗剪成1.5～2厘米长茎段，在低浓度生长素溶液（0.01毫克/升）或配好的生根剂溶液（按照说明书配制）中蘸一下基部，按照2厘米×2厘米的株行距，插到苔藓中。方法是用镊子夹住茎段基部，借助镊子的力量将茎段送入苔藓，拔出镊子时用手压住基部苔藓，防止茎段和苔藓被带出。扦插时若温度高，应注意喷雾保湿，或在温室外覆盖遮阳网，边插边覆盖小拱棚。待整个苗床插完，立即喷布50%甲基硫菌灵可湿性粉剂600～800倍液或多菌灵可湿性粉剂600～800倍液，覆盖好小拱棚，内置温湿度计。

（3）扦插后的管理　检查温度、湿度，最高温度不应超过28℃，初期空气相对湿度控制在95%以上。一周后逐渐降低空气相对湿度，维持在80%左右。一般30～40天后可逐渐放风并注意补水。放风时，开始夜间打开部分小拱棚薄膜，白天扣上，逐渐夜间放大风，白天放小风，直至取出小拱棚薄膜。扦插炼苗后，每隔7～10天喷一次杀菌剂。生根后（30～40天后）间隔10～15天喷施稀薄叶面肥。

7. 苔藓苗上钵

（1）准备营养钵及营养土　准备直径10～12厘米营养钵，营养土配制采用1/3园土、1/3草炭土、1/3腐熟牛粪混合均匀，用筛子筛后拌入杀蛴螬药剂备用。

（2）起苗上钵　起苔藓苗时，先要连苔藓拔起，再轻轻抖落、摘除附着在根部的苔藓，尽量少伤根，边起苗边栽种到营养钵中。栽种时，先在营养钵中加入1/3左右营养土，将苗放入钵中摆正后再加入营养土压实。不能栽种过深，营养钵也不能过满。上钵后立即浇透水，同时整理栽种过浅和过深的苗。将钵苗靠紧摆放在温室的苗床中，注意遮阳，做好品种标记。小苗补水最好采用滴灌。缓苗后，可隔10～15天喷施氮肥1～

2次，促进小苗营养生长。秋季喷施1～2次磷酸二氢钾，促进枝条成熟。一般钵苗1～2年即可出售，3年后可换大钵或实施地栽培育。

（3）商品苗包装及运输 钵苗包装前1～2天浇透水，采用纸箱、泡沫箱、编织袋做包装材料均可，一正一倒摆好，容器内外放标签标明品种与数量。地栽苗起苗时应带土坨，尽量少伤根，每株根部用编织袋包好，可直接装车，气温过高时应适当遮阳。

（六）组织培养繁殖的商业化应用

1. 商业化生产规模的确定 一般情况下，一个单人超净工作台，可按年生产10万～12万株苗来计算，一个1.2米×0.6米×2.0米的6层培养架每年可繁苗2万～2.5万株苗。每个超净工作台占地7～8米^2（含过道面积），一个培养架占地2.5～2.8米^2（含过道面积）一个年生产100万株苗的组培室，需要4～5台单人超净工作台，需要无菌操作室面积为30～40米^2，需要培养架40～50个，需要培养室面积为100～140米^2。同时需要有配套的温室和冷棚或露地。

2. 降低商业化生产成本的措施

（1）提高劳动生产率 按工作性质进行人员分工，实行岗位责任制，或定额管理、实行计件工资，是提高劳动生产率的有效措施。

（2）降低损耗 要求工作人员规范操作，降低易耗用品如培养瓶、烧杯、容量瓶等的损耗。及时检修电路，可延长超净工作台、高压灭菌锅、恒温干燥箱、电冰箱、定时器、日光灯管等设备的使用寿命。

（3）降低污染，提高繁殖率和成活率 污染是指由细菌、真菌等微生物的侵染，在培养容器中滋生大量菌斑，使植物不能正常生长甚至死亡的现象。在组织培养商业化生产中，污染率应控制在 5% 以内。另外，合理使用激素，提高繁殖率并保证瓶苗质量，提高成活率，也是降低成本的重要措施。

3. 商业化生产注意的问题

（1）污染　污染通常由下列原因引起，培养基及各种接种器皿灭菌不彻底、外植体灭菌不彻底、操作时人为带入、环境不清洁、操作区域不清洁。细菌性污染常表现为出现黏液状物、菌落或浑浊的水迹状，有时甚至出现泡沫发酵状现象。真菌污染常表现为培养基或材料表面出现菌丝，继而形成黑、白、黄等子实体和孢子。真菌污染多是由空气、母苗表面消毒不彻底引起的。

（2）遗传的稳定性　植物组织培养中出现培养材料的变异现象是普遍发生的，应引起足够重视。引起变异的原因：①培养材料的种类，即培养材料的种类不同发生变异的频率不同。②继代次数，即随着继代次数和时间的增加，变异频率也会增加。③器官发生方式，其中离体培养时，以茎段作为外植体，以短枝丛方式增殖的变异率最低。

（3）玻璃化　是指瓶苗的一种生理失调现象。表现为叶片、嫩梢呈水渍透明或半透明状，叶片皱缩，脆弱易碎，叶表缺少角质层蜡质，仅有海绵组织，没有功能性气孔。发生玻璃化的原因：①培养基中蔗糖和琼脂浓度较低。②培养温度过高。③细胞分裂素浓度过高或细胞分裂素与生长素比例失调。

（4）黄化　是指瓶苗幼苗整株失绿，全部或部分叶片黄化、斑驳的现象。在组织培养中比较常见，小苗轻则生长缓慢，严重的可导致死亡。黄化发生的原因：①培养基中铁含量不足，矿物质营养不均衡，激素配比不当，糖用量不足或已耗尽。②培养瓶通气不良，乙烯含量升高，温度不适宜，光照不足。③pH 变化过大。④培养基中添加抗生素类物质如青霉素、链霉素等。

第五章
果 园 建 立

一、园址选择

园址的选择正确与否是决定蓝莓种植能否成功的一个决定性因素，在对某一已经确定的适合蓝莓生长的区域内，需要选择最适合的地点进行蓝莓种植，该地点的选择需要进行综合的、多方面的调查和评价。最主要的考虑是气象条件、土壤条件和水资源条件3个方面。因为某一区域总体适合蓝莓的生长并不意味着该区域的所有土地都适合蓝莓的生长发育，所以在适合的区域内，还要对所选择的具体地点的气象条件、土壤条件和水资源条件等细致调研、科学评价。辽东学院蓝莓课题组10余年的实践经验证明，在园址的选择上具体要注意以下几点。

（一）气候条件

1. 温度 温度主要要考虑 1 月的平均温度、极端低温、生长季的高温持续时间、低于 7.2℃ 的低温时间等。

1 月的平均温度在 −3℃ 以上，极端低温在 −10℃ 以上时，可以采用冬季不防寒的形式栽培北高丛蓝莓，如果低于此数值必须采用冬季防寒的形式栽培北高丛蓝莓。1 月平均气温在

－15℃以下，极端低温在－25℃以下时，要慎重栽培北高丛蓝莓，可以采用防寒的形式栽培半高丛或者矮丛蓝莓。

其次在南方地区应该评价的是冬季低于 7.2℃ 的低温时间和夏季高于 35℃ 持续的天数，冬季持续低于 7.2℃ 的低温时间高于 1 000 小时的地区可以种植北高丛蓝莓，冬季持续低于 7.2℃ 的低温时间在 200～800 小时的地区建议种植南高丛或者兔眼蓝莓，少于 200 小时的地区种植蓝莓应该慎重。但近年来，国外针对低需冷量的蓝莓育种进展很快，对这类需冷量极低的常绿蓝莓品种可以试验栽培。关于低于 7.2℃ 的低温时间的计算问题，应该强调的是持续低于 7.2℃ 的低温时间，而不是累计低于 7.2℃ 的低温时间。因为在非持续低于 7.2℃ 的情况下，蓝莓不能进入正常的休眠状态，例如在北方地区冷棚栽培的情况下，由于在一天中白天的温度高于 7.2℃，虽然夜间温度远远低于 7.2℃，冬季累计低温时间也远远高于 1 200 小时以上，但由于蓝莓不能进入正常的休眠状态，第二年冷棚生长的蓝莓仍然表现出萌芽、开花不整齐，生长衰弱等休眠不足的现象，这一现象需要南方地区在选择建园地点时给予充分的考虑。

而夏季高温持续的时间（日最高温度高于 35℃）原则上越少越好，一般不应高于 10 天，理想的蓝莓种植地区夏季日最高温度持续高于 30℃ 的天数不应该多于 10 天，因为持续的高温对蓝莓的营养生长和果实发育都有不良的影响，导致果实提早成熟，含糖量低、果实偏酸、偏软，不耐贮运，果体偏小，树体衰弱等。

关于温度的调查与评价尤其在云南、贵州等云贵高原地区应该更为慎重，因为这一地区由于海拔高度的变化，在同一地区会出现气候的垂直分布带。例如，在低海拔地区可以种植南高丛或者兔眼，而随海拔高度的增高气温随之降低，使北高丛蓝莓有可能成为适宜的品种。

2. 降水量 降水量主要应考虑生长季的降水量和降水的时间以及强度，要避免在花期和采收期连续降雨。花期连续降雨会造成灰霉病蔓延，采收期连续降雨会影响果实的品质和贮藏性以及货架寿命。原则上，在能保证灌溉的条件下，生长季降雨应越少越好。由于我国大多数地区都属于雨热同季，所以花期遇雨或者采收期遇雨是很普遍的问题，这就要求在园址选择上要尽量减少生长季降雨对蓝莓生产的影响。一般降雨后48 小时之内的果实不适宜做鲜果远距离销售，这可以作为生长季降水量评价的一个参考指标。

3. 早晚霜时期 晚霜的时期与蓝莓的花期是否会同时发生要注意做好判断。如果蓝莓花期发生晚霜危害的概率较高，就要尽量避免选择这样的地点，特别是南方地区，晚霜往往会对蓝莓的开花和坐果造成比较大的影响。

（二）土壤条件

种植蓝莓的土壤条件往往会对整个蓝莓的生产起到决定性的作用。适合蓝莓种植的土壤一般要求排水良好、疏松的沙壤土，具体要求为土壤的 pH 在 7 以下，pH 最好在 4.5～5.2，土壤 EC 值在 0.3～0.8 毫西/厘米，土壤有机质含量在 12%～18% 为最佳。土壤排水性的简易判断方法：挖出 1 米×1 米×1 米的坑，用水泵尽快注满水后，在 1 个小时内坑内的水全部沉入土中为宜，但排水时间超过 3 个小时的土壤需要慎重评价其土壤的透气性。除此之外，地势也是需要考虑的因素，主要是考察历史上被水淹的情况，要避免选择雨季有可能被淹的土地。而在土壤黏重、排水不良的土壤中依靠一定的土壤局部改良措施种植蓝莓，可能在前几年可以勉强维持生产，但是随着时间的推移，蓝莓根系生长受限甚至腐烂，导致树体衰弱甚至死亡，将难以达到理想的产量、品质以及预期效益。切忌选择黏重、排水不良的土壤种植蓝莓。

（三）水源条件

种植蓝莓的果园，必须保证有充足的水源，水源可以是地下水、河流或者水库，水源的质量要达到农业灌溉水的标准，总盐量不高于 1 000 毫克/升，EC 值不高于 0.45 毫西/厘米，pH 不高于 7。

二、园地的规划

（一）道路系统规划

蓝莓果园的道路一般分为主道、支道和作业道三级。主道一般宽度在 6 米左右，小型的果园可以减少为 4 米，标准以雨后能立即通车即可，不必一定是水泥路或者柏油路。支道的宽度一般为 4 米。作业道可以结合较宽的行间（2.5 米以上），支道之间的距离一般在 100～200 米，地形起伏较大的地块可以适当缩短。

（二）排灌系统规划

1. 排水系统的规划 排水不良会造成蓝莓植株受伤害，高丛蓝莓抗涝能力差，不能在积水土壤上生长，对于这样的土壤，必须进行排水。蓝莓喜土壤湿润，但又不能积水，所以在蓝莓果园建立时应配置排水系统。蓝莓果园排水系统的规划布置，必须在调查研究、摸清地形、地质、排水出路、现有排水设施和排水规划的基础上进行，一般是由小区内的集水沟、作业区内的排水支沟和排水干沟组成。集水沟的作用是将小区内的积水或地下水排放到排水支沟中去。排水支沟的作用是承接排水沟排放的水，再将其排入到排水干沟中去。排水干沟的任务是汇集排水支沟排放的水，并排放到果园以外的河流或沟渠中去。

2. 灌溉系统的规划　蓝莓的灌溉一般采用滴灌形式进行，滴灌系统可分为首部、主管道、支管道和滴灌管等部分。

首部由水源、水泵、过滤器、施肥系统、控制系统等组成。主管道一般采用直径 110 毫米的 PE（聚乙烯）管或者 PVC（聚氯乙烯）管，要埋入冻土层以下；支管可以选择直径 63 毫米的管，主管和支管直径可以按实际灌溉面积灵活增减。滴灌毛管（即滴灌管）的选择与配置的标准是：滴头间距应为 30～50 厘米，每行双排滴管，滴头的出水量应为 2～4 升/小时，土壤黏性较大时，滴头出水量可以小点，土壤透水性好的滴头出水量应该适当加大。由于蓝莓是浅根性植物，根系主要分布在 30 厘米以上的土层内，滴头单位时间内出水量较大便于水分横向扩展，所以为了避免水分的浪费和滴灌施肥时肥料渗入过深，滴头的出水量尽量适当大些，一般采用 2 升/小时的滴头。由于蓝莓果园一般采用的都是非压力补偿式滴头，所有滴灌管的长度一般不应该超过 100 米；如果采用的是压力补偿式滴头，滴灌管的长度可以大于 100 米。

采用滴灌系统的蓝莓园，一般要采用滴灌施肥的形式来施肥，又称水肥一体化技术。采用滴灌施肥技术可以节省劳动力，同时可以提高肥料的利用率。与土壤施肥相比，滴灌施肥可以提高 50％的肥料利用率，所以滴灌系统在设置时，要配置施肥系统，施肥系统有文丘里注肥设施、压差式施肥装置、注肥泵等，面积较小时，可以使用文丘里注肥设施；面积较大时，应选用注肥泵。

滴灌的控制系统可以根据果园实际选择，配置较高的控制系统具有自动监测灌溉水的 pH、EC 值等，可以按灌水量或者灌溉时间对滴灌系统进行自动控制，也有的可以通过远程控制按预定的灌溉方案进行灌溉，最简单的是对水泵的启动进行手动控制，对每个滴灌区通过阀门手动控制。

（三）小区规划

蓝莓果园的小区靠主路和支路等分割形成，每个小区面积为 1～2 公顷，形状一般为长方形。在坡地，其长边最好平行于等高线设置，平地可以按实际情况灵活设置。

（四）株行距规划

蓝莓的株行距在中国的发展经历了以下两个阶段。

前期：1.8 米×1 米，优点是能够尽早达到丰产，但是缺点是果园郁闭，果实质量差，不便于操作，特别是北方需要防寒地区冬季取土防寒极为困难。

中期：2 米×1 米，可以稍微克服前期株行距的缺点，但是生产实际证明仍然过密。

目前高丛蓝莓推广的株行距为（2.5～3）米×（0.8～1）米，即使采用 2.5 米×0.8 米的株行距，单位面积的种植数量仍然和 2 米×1 米的株行距是同样的。但是，由于行距增大，可以为越冬防寒的取土活动提供便利，同时采收、耕作等也更为方便。所以，适当的加大行距是蓝莓栽培的趋势，在不需要防寒的地区行距甚至可以加大到 3～3.5 米。

（五）防风林规划

在风力比较大的地区，蓝莓果园配置防风林尤为重要，防风林的设置方向一般要和当地生长季的主风向垂直，主林带的距离结合主路以及支路的距离来配置，一般不超过 200～300 米。

防风林的树种以适合当地的气候条件的乡土树种为宜。

（六）辅助配套设施规划

辅助配套设施包括办公室、仓库、冷库、滴灌首部等，其配置的原则是交通便利、有利于生产，具体可以根据果园的实际情况来设置。

以辽宁省丹东瀚林蓝莓科技有限公司新建的蓝莓园园区鸟瞰图（彩图5-1）为例：①滴灌首部。②办公区。③冷库及包装厂。④主道。⑤支道。

三、土壤改良

相对其他果树，蓝莓对土壤条件要求比较严格。不适宜的土壤条件常常导致蓝莓栽培的失败。

（一）土壤 pH 的调整

土壤 pH 是影响蓝莓栽培最重要的一个土壤因子。蓝莓生长要求酸性土壤条件，高丛蓝莓和矮丛蓝莓土壤 pH 为 4.5～5.2 为适宜范围，最适为 4.8 左右。土壤 pH 对蓝莓的生长与产量有明显影响。其中 pH 过高是限制蓝莓栽培范围扩大的一个主要因素。土壤 pH 过高（>6.5）时，往往诱发蓝莓缺铁失绿，而且随 pH 上升，缺铁失绿趋于严重。同时在较高的 pH 下，土壤中的铵态氮被转化成不利于蓝莓生长的硝态氮。因为硝态氮会使蓝莓根系的铝积累而达到毒害水平，硝态氮还抑制蓝莓菌根的生长，所以，高丛蓝莓和矮丛蓝莓当 pH 过高时，生长衰弱，产量大幅度下降。而在适宜 pH 范围内，蓝莓生长旺盛，产量增加，成熟期一致。土壤 pH 较高时，不仅影响铁的吸收，而且易造成对钙、钠吸收过量，对蓝莓生长不利。

土壤 pH 过低时（<4.0），土壤中重金属元素供应增加，蓝莓体内金属元素如铁、锌、铜、锰、铝吸收过量而中毒，同时会导致缺镁、生长衰弱甚至死亡。

在土壤 pH 高于 6.0 的情况下，可以通过在土壤中施用硫黄粉来降低土壤的 pH，具体的施用量如下（表5-1）。

表 5-1　调整土壤 pH 至 4.5 的硫黄粉施用量（千克/公顷）

原始土壤 pH	沙壤土用量	壤土用量
7.5	1 045	3 080
7.0	825	2 640
6.5	660	2 090
6.0	385	1 650
5.5	165	1 100

由于硫黄粉在土壤中，需要在一定的温度和湿度、在微生物的作用下缓慢进行反应，所以施用硫黄粉最好在蓝莓定植一年前进行。

(二) 土壤物理结构的调整

蓝莓栽培最理想的土壤类型是土壤疏松、通气良好、湿润、有机质含量高的酸性沙壤土、沙土或草炭土。黏重板结土壤、干旱土壤及有机质含量过低的土壤上栽培蓝莓，如果不进行土壤改良则会失败。土壤有机质的多少与蓝莓的产量并不呈正相关，但保持土壤较高的有机质含量是蓝莓生长必不可少的条件。土壤有机质的主要功能是改善土壤结构，疏松土壤，促进根系发育，保持土壤中的水分和养分，防止其流失。

蓝莓的根系纤细，在黏重土壤上根系不能穿越土层而生长很慢，从而导致生长不良。有机质含量低的黏重土壤，由于土壤结构较差，通气不良，排水不良易导致蓝莓生长不良。

蓝莓理想的栽培土壤是有机质含量（3%～12%）高的沙壤土，土壤中的颗粒组成尤其是沙土含量与蓝莓的生长密切相关。沙土含量高，土壤疏松，通气好，有利于根系发育。因此，辽东学院蓝莓课题组在多年的实践中，总结提出蓝莓果园的土壤改良标准：每亩*地加 20 米^3 草炭土、10 米^3 发酵后的

---

* 亩为非法定计量单位，1 亩＝1/15 公顷。——编者注

牛粪、再加入粉碎的 1～2 亩面积土地所生产的玉米秸秆。将上述材料均匀撒施在地面，然后用机械深翻 40 厘米左右，深翻应该进行 2 次，2 次深翻的方向相互垂直，以保证土壤能充分与有机质混合，而且没有隔离层。深翻后的土壤再采用旋耕机旋耕 2 次以上，然后按设计的行距实行垄作，垄高要保证在 30～40 厘米。

注意土壤的深翻是必需的程序，这项工作既能疏松土壤，为蓝莓根系生长创造良好的条件，又能保证所施用的有机物与土壤充分混合，避免混合后的土壤由于混合不均匀，造成根系生长不均匀，灌溉时造成灌水不均匀。有机物多的地方，由于空隙比较大，灌溉水分很难渗入，而土壤比较紧实的地方由于空隙较小，吸入的水分过量，使蓝莓难以很好的生长。而另一方面，由于施用的牛粪等有机肥在发酵不充分的情况下，会造成土壤盐分过高，导致烧苗死树的现象发生。辽东学院蓝莓课题组对辽宁丹东地区的调查表明：在定植后雨水较少的 2017 年，由于没有深翻所造成的烧苗死树的比例最高达 50%，其根系附近的土壤 EC 值可以超过 3 毫西/厘米，最高甚至达 8 毫西/厘米。因此，土壤深翻、全园改良是我们建议的改良方法，至于土壤穴改或者沟改，需要种植者针对自己地区的实际情况进行认真的评价和选择。

四、品种选配

（一）品种选配原则

品种选择主要要从以下几个方面考虑：第一，丰产性，只有具有稳定的丰产性的品种才能作为主栽品种应用；第二，品种的抗逆性，包括抗寒性、耐热性、对土壤的适应性、抗病虫害的能力等；第三，果实的品质，包括外观品质和内在的品质；第四，要考虑当地的气候条件以及种植的目的（鲜食为主还是加工为主，品质优先还是产量优先）。然后针对实际情况选择最适合自己种植目的和气候特点的品种，才能真正达到因地制宜地选择出最适合本地的品种。在品种的选择上切忌追异求新，只有适合当地的品种才是可以选择的品种。例如莱格西，目前智利和美国的栽培面积都很大，具有丰产、品质好、贮藏性好等优点，但是，笔者在辽宁地区试验的结果表明露地栽培不能正常结果，即使采取埋土防寒的方法，翌年春季也是几乎所有的结果枝全部抽条，花芽全部死亡。因此，在辽宁地区露地栽培无法选择这一优秀品种作为主栽品种。

（二）主要栽培品种

我国幅员辽阔，不同地区的气候、土壤条件差异巨大，根据蓝莓对气候和土壤条件的要求，可以将我国蓝莓分成以下几个种植区，不同的种植区选用不同的主栽品种。

1. 吉林及黑龙江地区 这一地区处于高寒地带，土壤有机质含量较高，拥有丰富的草炭土资源，土壤改良的费用较低，也是我国蓝莓采收季节最晚的地区。同时该地区生长季温度相对冷凉，昼夜温差较大，蓝莓果实硬度高、含糖量高、口感好，因此蓝莓果实具有较高的市场竞争力。但是该地区冬季寒冷，露地栽培蓝莓需要埋土防寒，不仅用工量大，而且由于埋土每年都会造成一定数量的枝条损伤而影响产量，另外由于成熟期晚，果实成熟期会遇雨而影响果实的质量，无霜期短会使部分晚熟品种成熟不好或者花芽分化较差。在温室生产的情况下，需要取暖加温才能达到早熟的目的，导致生产费用过高，所以不提倡这一地区进行蓝莓的温室生产，少量可以进行试验。

在这一地区进行蓝莓生产，适合选择的耐寒加工品种有美登等，耐寒的鲜食加工兼用品种有北陆、蓝金、瑞卡等，以鲜食为主的品种有都克、爱国者等。

2. 辽东半岛地区　辽东半岛的丹东到大连庄河地区，土壤为酸性的沙壤土，年降水量 600～1 200 毫米，无霜期在 160～180 天，生长季高于 30℃ 以上的气温较少，气候比较冷凉，比较适合蓝莓的生长发育。因此，该地区已经成为我国的优势蓝莓产区，但该地区由于冬季的低温和少雪覆盖，必须采取埋土防寒以避免蓝莓越冬抽条问题。埋土防寒所遇到的问题和吉林、黑龙江地区一样，这是限制这一地区蓝莓发展的最大的限制因子。另外，该地区露地果实采收期在 6 月底至 7 月底，有的年份或者有的品种在采收期会遇雨而影响果实的品质。该地区在温室生产蓝莓可以采用不加温的方式而直接利用日光温室进行蓝莓生产。而且由于这一地区秋季降温早于胶东半岛，所以可以较早揭开保温被进行蓝莓生产，是目前中国不需要加温条件下温室蓝莓最早成熟的地区。这一地区应定位为我国鲜食蓝莓保护地生产主产区、晚熟（成熟季节）鲜食蓝莓主产区和露地加工蓝莓主产区。

该地区可以选择的加工、鲜食兼用品种为瑞卡、北陆、蓝金等，露地鲜食品种可以选择蓝丰、都克和利珀蒂等，温室可以选择都克以及需冷量低的南高丛品种密斯提、绿宝石、珠宝等。其中需冷量低的南高丛品种应该是重点选择和试栽的品种，以达到提早成熟期的目的。冷棚栽培可以解决该地区冬季防寒和采收遇雨的问题，可以选择蓝丰、都克、莱格西和利珀蒂等品种。

3. 胶东半岛地区　该地区包括山东烟台、威海、青岛和江苏的连云港地区。该地区为酸性沙壤土，年降水量 600～800 毫米，无霜期 180～200 天，冬季温度不过低，大多数年份北高丛蓝莓可以安全露地越冬，温室种植可以不需要加温生产，露地可以在 6 月上旬到 7 月中旬采收，是我国优势蓝莓种植地区。该地区种植蓝莓的主要挑战有以下几点：一是水源缺乏，缺水导致蓝莓生长发育不良；二是生长季超过 30℃ 以上的天数较多，生长季的高温会导致蓝莓果实提早成熟、果实偏小偏软、含糖量低等问题，同时高温也会导致蓝莓生长发育不良，树势衰弱叶片变黄等；三是采收期也有遇雨的风险；四是在有的年份存在越冬抽条的风险。

该地区可以选择的露地鲜食品种有都克、蓝丰、莱格西等，温室可以选择都克以及需冷量低的南高丛品种密斯提、绿宝石、珠宝等，其中需冷量低的南高丛品种应该是重点选择和试栽的品种，以达到提早成熟期的目的。

4. 云贵高原地区　该区域包括云南、贵州和四川等地。其气候特点是由于地形变化大从而形成比较复杂的气候垂直分布带，随海拔高度的变化无霜期从 120～280 天不等，年降水量分布不均匀，土壤多为酸性红壤土。由于多种小气候的存在，使许多的蓝莓品种都可以在该地区栽培，应将其定位为我国早熟鲜食蓝莓特色种植区。其生产目标应以早熟为主。该地区蓝莓生产的主要限制因子是土壤黏重，小气候的不确定性大，易受晚霜危害等。采用冷棚的栽培形式栽培低需冷量的南高丛品种可以在该地区避开晚霜危害并且早熟。例如，国外某公司在云南采用低需冷量的 Eureka 等品种在冷棚进行营养液基质栽培，其果实可以在 1 月成熟，市场反馈很好。这一栽培模式在该地区应该深入地试验和推广。

该区域可以选择的品种有南高丛的密斯提、莱格西、绿宝石和珠宝等，兔眼的灿烂、粉蓝等。高海拔地区可以选择北高丛的蓝丰、都克等。

其他地区可以根据当地的气候条件因地制宜地选择相应的品种，但是对于土壤过于黏重、生长季温度过高、采收期普遍遇雨的地区应该慎重分析和判断蓝莓产业发展的可行性。

第六章
果园露地栽培管理

本章涉及的园址选择、园地规划、土壤改良和品种选择部分内容均参考第五章果园建立。

一、苗木定植

（一）定植时期的选择

除了炎热的夏季外，凉爽的春季和秋季均可定植。南方蓝莓产区冬季也可以定植，秋季定植成活率高，但在东北产区定植后需埋土防寒；若春季定植，则越早越好，并保持好土壤墒情。

（二）株行距的确定

在整地时按照事先设计好的定植株行距开沟或挖定植穴。具体株行距参考第五章果园建立。

（三）授粉树的配置

尽管多数蓝莓品种可以自花结实，但配置授粉树后可以提高坐果率，增加单果重，提高产量和品质。因此一般1个果园最好种植两个以上品种，果园内按照不同的小区，品种搭配种植即可达到配置授粉树的效果，若每隔 1 行或两行就搭配授粉树种，则不利于生产上的管理。

（四）定植

定植的苗木最好是生根后抚育 2～3 年的大苗。地栽苗由于根系得到充分发育，要远远优于同龄的钵苗。如果种植的是钵苗，则将苗木从营养钵中取出时需捏散土坨露出须根。在垄上挖坑，坑的大小和深度要略大于种植苗木根的体积。苗木放入定植坑前，在坑内放 10 克左右辛硫磷，用以防治蛴螬。栽植深度保持根茎处与田间地面基本在同一个水平面，埋土后轻轻踏实，定植后要及时浇一次透水。

蓝莓苗木的质量对植株后期生长发育影响极大，如果留下隐患或操作不当极易造成后期生长不良。苗木定植时主要掌握以下几点。

1. 苗木质量　生产上用于定植的苗木基本上是生根后抚育 2～3 年的营养钵苗或者地栽苗，选择苗木时主要看根系的质量，质量好的根系秋季或者春季为黄白色，生长季须根为白色，而且根系发达，须根多。如果根系出现褐变，甚至黑色，表示根生长势弱则不宜选择。从地上部来讲，质量好的苗木一般有 2～3 个分枝或者更多，枝条要生长健壮，木质化程度要好。不要选择由于育苗遮阳过度所形成的高度很高但生长不充实、独枝的苗木。

2. 破根团　营养钵培育的苗木，由于营养钵的体积所限，根系无法舒展生长，只能围绕营养钵的内壁团在一起，如果不破根团直接定植，则由于根系的生长惯势在短时间内很难突破根团扎入到土壤中，从而引起植株生长不良，甚至死亡。因此营养钵培育的苗木在定植之前，一定要用手用力将根团破开，根系散落后再进行定植。

3. 定植深度　定植不能过深，定植过深导致根茎部位呼吸受阻，埋入土层中的枝条由于厌氧呼吸造成韧皮部的腐烂变褐，从而导致全株死亡。定植也不能过浅，定植过浅容易使根系暴露在空气中，阳光直射和高温都能对根系造成伤害，从而使地上部分叶片黄化、生长不良甚至死亡。栽植深度以能覆盖原来苗木的土坨 1～3 厘米为宜。

4. 地下害虫的防治　由于蓝莓种植前需施入大量牛粪进行土壤改良，因此在种植前向土壤均匀喷洒一遍毒死蜱或辛硫磷用以防治蛴螬类地下害虫非常有必要。2016 年在辽宁丹东有两块新建园区，由于其中一块没有喷洒药剂进行地下害虫的防治，以至于当年蓝莓植株的生长量远远小于喷洒药剂的园区，秋季调查时，发现未防治地下害虫的植株须根几乎全部被蛴螬吃光。

种植后需要对垄面土壤进行覆盖，一方面可以保持土壤的水分，另一方面可以防治杂草。一般用黑色地膜覆盖可以有效保持土壤湿度，提高植株成活率，防止杂草效果也比较好。但要注意树体周围 30 厘米的范围内不宜覆盖地膜，避免膜下高温对根部造成伤害。也可以用锯末、谷壳、秸秆等覆盖，保墒的同时还可以增加土壤的有机质含量，但对杂草的防治没有覆盖黑色地膜的效果好。

二、水肥管理

（一）水分的调控

由于蓝莓属于灌木，根系主要分布在树冠投影区范围内的表土层，深度在 20～30 厘米，因此对水分要求较为严格，喜水又怕涝。水分的供应可以通过两种方式，即喷灌与滴灌。喷灌用水量大，但是可以预防早期霜冻，滴灌相对于喷灌来说可以节约 2/3 的灌溉水，同时还可以实现水肥一体化，所以滴灌是目前蓝莓采取的最主要的灌溉方式。

不同的土壤类型对水分要求不同，沙性大的土壤保水能力差，容易干旱，需要经常检查，勤浇水；有机质含量高或黏重的土壤保水能力强，可适当减少浇水，但黑色的腐殖质土有时看起来似乎是湿润的，实际上已经干旱，容易引起误判，因此需要特别注意。

可以根据经验判断是否需要浇水，去掉5～10厘米深的表层土，徒手抓起一把，在掌中握成团，如果土能成团且能挤压出少量水分，则表示水分合适；如果松开手后，土团即破裂且挤压不出水分，则表示已经缺水。

土壤体积含水量在15％～25％为适宜，最佳土壤体积含水量为18％～20％。水分管理要均衡，切忌忽干忽湿（图6-1）。滴灌的原则是为了保持蓝莓根系附近的含水量在比较适宜的范围内，所以每次的滴水量应该等于外界的蒸发量和蓝莓自身的蒸腾量之和。一般的土壤条件下，每周滴灌2～3次，每次1～2小时即可满足蓝莓对水分的需求，坐果期前每次1小时左右，坐果后每次2小时左右，果实采收后应该适当控制水分以促进枝条成熟和花芽分化，此时一般每周滴灌1～2次，每次滴灌30分钟左右即可，生产中会经常遇到自然降雨的情况，所以要经常检查土壤的含水量情况，以决定是否需要滴灌。

在几个特殊的物候期，蓝莓植株对水分的要求稍大，除此之外均正常给水。蓝莓需水量较大的物候期即灌溉量如下：

1. 促萌水 一般在撤除越冬覆盖物后，花芽萌动前浇一次透水，一方面可以增加土壤含水量，防止初春干旱的气候导致植株的抽条，另一方面可以促进花芽的萌发，灌溉量以浸透根系分布的土层30厘米为宜，过多不利于地温的回升。

2. 花前水 在始花期前，一般要浇一次透水，主要用于提高开花的整齐度和坐果率，灌溉量以浸透土层30厘米为宜。

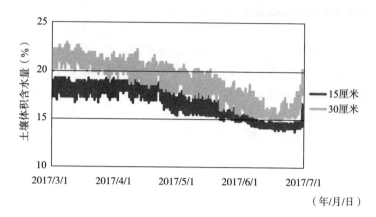

图 6-1　辽东地区 3～7 月蓝莓根部土壤体积含水量
（田间实测标准图例）

3. 果实发育水　当园区 70％的花凋谢后，进行此次灌溉，主要目的是促进果实的发育，灌溉量以浸透 40 厘米土层为宜。此外在果实膨大期也要保证水量，若缺水则果实发育不好，普遍偏小。

4. 越冬水　在越冬前 2～3 天要进行一次灌溉，此次水要浇透，主要目的是为了增加树体水分累积，提高树体越冬能力和土壤墒情，减少早春抽条。

（二）施肥

1. 肥料选择　肥料的选择要合理，标准化栽培需要根据土壤分析或叶片营养分析结果来确定是否施肥及肥料的施用量。蓝莓为寡肥植物，喜铵态氮，且对氯比较敏感，因此选择肥料种类时不要选用含氯的肥料，如氯化铵、氯化钾等。

相对于化肥，有机肥因其营养齐全、微生物丰富、盐分低而更适合蓝莓，而有机肥中牛粪、饼肥要优于鸡粪。合适的有机肥可以用于蓝莓后期的追肥。施用时需注意用量，避免距离植株过近引起烧苗的现象。

适宜蓝莓的化肥主要有：硫酸铵、磷酸二铵、硫酸钾、磷酸二氢钾、硫酸镁等各种偏酸性、不含氯的肥料。

2. 施肥方法 由于目前蓝莓园基本都安装滴灌设备，将肥料融入灌溉水中，通过滴灌来实现水肥一体化。因此，肥料一般也要选择水溶肥，省时省工，且不容易产生肥害。

3. 施肥用量 蓝莓施肥过量极易对根系造成伤害甚至引起整株死亡。因此，在生产上施肥量的确定要慎重，根据具体的土壤肥力、品种、树龄、物候期等具体情况而定。

下表是通过蓝莓叶片、土壤分析，根据多年的经验，制定出的盛果期蓝莓施肥基本指标，仅供各蓝莓生产园参考（表6-1）。

表6-1　露地蓝莓滴灌主要元素用量（克/株/周）

施用时期	类型	N	P	K	Mg
萌芽至坐果期	高氮型	2.5	1.2	1.2	0.1
坐果后至果实停长期	平衡型	1.2	1.2	1.2	0.1
果实开始第二次膨大至采收结束	高钾型	1.5	1.2	2.4	0.1

采收以后原则上不再施用氮肥，其他肥料如果不是明显缺乏的情况下，也停止施用，但可以在早秋施用有机肥改良土壤结构。9月开始可以叶面喷施磷酸二氢钾以促进枝条成熟。

4. 施肥注意事项

（1）在保证树体正常生长的前提下，施肥的原则要前促后控，即生长前期以氮肥为主，促进植株的生长；生长后期要控制，防止树势生长过旺，防止徒长，木质化程度不好，不利于冬季越冬。因此，这个时期要逐渐减少氮肥的使用量，增加磷钾肥比例，果实膨大期要注意增加钾肥的使用量。秋季可以适当对叶面喷施2～3次0.1%的磷酸二氢钾，一方面可以提高花芽分化率，另一方面可以促进枝条的木质化。

（2）如在土壤改良较好的地块，3 年以内的幼树不建议格外施有机肥，因为幼树营养生长旺，发枝能力强，施肥容易导致植株徒长，木质化程度低，不利于越冬。

三、越冬防寒

我国大陆性季风气候显著，冬季受亚洲高压的控制，盛行寒冷、干燥的偏北离陆风，大部分地区冬季干旱少雨。由于蓝莓枝条木质化程度差，根系分布浅，在我国北方冬季土壤冻层远深于蓝莓根系所在土层。冬末初春温度回升后，蓝莓枝条开始萌动蒸腾量加大，而根系处于冻土层中无法吸收水分，由于水分供应不足导致地上部分抽条。最常见的症状是过冬后的树体枝条自上而下干枯，称为抽条。抽条首先从枝条成熟度较差的顶部开始，逐渐向下抽干，枝条干枯、皮皱，抽条严重的植株地上部分全部枯死。北方冬季的低温也容易导致蓝莓花芽冻害。我国北方露地种植蓝莓地区，蓝莓越冬抽条和花芽冻害是生产中普遍存在的主要问题，若防寒措施使用不当或防寒没有达到标准时，轻者出现蓝莓抽条、花芽冻害，影响树体生长和果品的产量和质量；严重会导致绝收，甚至整株冻死。整个东北地区除非极其特殊的小气候条件，露地蓝莓越冬如果不采取任何防寒措施，几乎全部抽条，在胶东半岛地区遇到特殊的年份也存在越冬严重抽条的风险。因此，在北方露地蓝莓种植中，越冬防寒是提高产量的一项重要保护措施。

（一）埋土防寒

目前，东北大部分露地蓝莓越冬以实心埋土防寒为主，该方法因其形式简单易操作、取土容易，可以有效地防止抽条现象的发生，所以应用最为普遍。在埋土防寒前应剪除老弱病枝和未成熟的枝条。蓝莓埋土防寒前 2～3 天，需浇一遍封冻水，水要浇透，增加树体水分累积，保持土壤墒情。即使在埋土防寒前几天有降雨或者降雪，但雨雪量往往不能满足上述要求，因此浇封冻水仍需进行。埋土防寒前 1 天，需均匀地向枝干上喷布一遍铜制剂，用以防止埋土时枝条和花芽受到霉菌和细菌的侵染。蓝莓的枝条比较脆硬，压倒时容易折断，因此，在植株埋土前先在树体基部欲压倒方向垫土做成枕头状，然后再将树体压倒埋土。埋土防寒主要掌握的原则：当最低气温接近 0℃左右时，开始埋土，切忌埋土过早，造成捂芽。埋土的厚度达到将枝条全部覆盖即可，埋土防寒要仔细，不能有露出的枝条和土块，埋土后注意检查，如有裸露枝条，需及时补充埋土。

埋土防寒注意事项：

1. 确定好埋土防寒的时期　若埋土过早，当地气温没有降低到一定程度，树体得不到适当的抗寒锻炼，抗性差，且树体达不到充分休眠状态，细胞内自由水过多，容易造成捂芽现象。2016 年 11 月初，由于气温异于往年，多雨且温度略高，造成辽宁丹东地区蓝莓捂芽严重，有些蓝莓园产量损失达 70％以上。埋土过晚则导致树体受到低温和大风的影响，水分丧失过多，抗性差，且温度过低土壤结冻不易取土防寒，导致费时费工。

2. 春季撤防寒土也要注意时期　若撤防寒土过早，土壤温度低，根系没开始活动，无吸水能力，加上较大春风会加剧抽条危害。应在第二年春季避开抽条发生期，春季树体芽鳞片开始松动时撤土并扶直树干，撤土过程中尽量减少枝芽损伤，苗中间的土也要撤净，此方法可有效防止早春树体水分的散失。撤土过晚，则蓝莓在防寒土下已经开始花芽萌动，甚至萌发抽出花序，此时蓝莓树体抗性最差，撤土也会对花芽等造成严重机械损伤，对产量影响极重。防寒土撤掉后要及时清理果园，浇足水。

（二）冷棚防寒法

冷棚防寒法是近几年在辽宁丹东地区兴起的一种蓝莓防寒越冬的重要形式。采用冷棚栽培不仅可以达到越冬防寒的目的，而且可以使蓝莓提早结果 20 天左右，增加经济效益。该方法能够保持树体原有状态，减少树体损伤。在我国胶东半岛和辽东半岛地区冷棚栽培、温室栽培和露地栽培已经成为蓝莓种植的 3 种主要栽培方式。冷棚栽培时，不需要埋土防寒即可安全越冬，可以缓解因为冬季人工埋土所需的用工冲突，并可以降低埋土越冬对蓝莓树体的损伤，但建造冷棚所需成本较高。

冷棚以南北向为宜，根据栽植密度、植株高度、立地条件等选择合适的棚架高度和宽度。骨架采用钢筋、水泥立柱或竹木结构，覆盖材料为塑料薄膜。建造强度需能抵御大风、大雪等自然灾害。在蓝莓枝条充分木质化后，夜间气温降至 0℃ 之前覆盖塑料薄膜，将蓝莓罩在冷棚中。塑料薄膜将冷棚封严后，要整体覆盖遮阳网、防寒被、垃圾棉或草帘，其目的是防止冬季棚内温度剧变，空气湿度过小导致抽条。气温回升土壤解冻后，逐渐打开南北两头及四周通风口。花期注意通风，控制棚内温度不超过 25℃，否则容易造成花粉失去活性，影响坐果，降低产量。在蓝莓采收之后，除去塑料薄膜。

冷棚防寒法注意事项：

1. 在秋季和早春注意控制棚内温度，防止温度过高，当棚内温度超过 10℃ 时，注意放风降温。

2. 需要注意预防大风、大雪等自然灾害。

（三）覆盖防寒法

覆盖防寒前应灌透水，封冻前在树体上覆盖树叶、稻草、草帘、编织袋、麻袋片、园艺地布、塑料地膜等都可起到越冬保护的作用。在冬季最低温度在-15℃以上地区效果较好，覆盖厚度5～8厘米即可。此方法在冬季较干旱地区，仍会出现抽条，效果不尽如人意。覆盖防寒法在东北蓝莓种植地区不宜使用。

覆盖防寒法注意事项：

覆盖塑料地膜时一定要用黑色地膜，如果用透明塑料布，需要覆盖一层遮阳网或草帘等，主要是防止温度变化引起的枝条伤害。

（四）双层覆盖防寒法

该方法适用于3年以上的蓝莓果园。防寒前，在顺行间以植株定植线为准，略高于植株，架一道横梁，材料可以使用木杆、竹竿或铁管。在架好的横梁上，覆盖塑料薄膜，塑料薄膜宽度能使其两侧下垂接地并能压住土，在两侧接地部位压严土后，上面再覆盖草帘，草帘要盖严，不能露塑料薄膜，然后用拉线或卡线固定草帘，以防大风将其吹开。双层覆盖防寒材料使用较多，但防寒时比较省工，材料可以重复利用，可以使用3～4年。重要的是防寒效果比较好，在冬季最低温度不低于-25℃地区，几乎没有冻害和抽条。但此方法也有一定风险，冬季如遇大雪极容易将覆盖物压塌，造成蓝莓植株断头等损伤。因此，此方法虽好，目前在东北地区较少采用此方法进行越冬防寒。

双层覆盖防寒法应注意事项：

防寒时间要适时，不能过早，以外界最高气温稳定在5℃以下为宜，过早会使芽伤热（俗称捂芽）；防寒前墒情不好时需灌一次透水；翌春及时一次性撤除防寒物。

（五）堆雪防寒法

在我国东北地区的长白山和大小兴安岭地区，由于冬季寒冷多雪，可以进行人工堆雪防寒，以确保树体安全过冬。与其他方法如覆盖稻草、树叶相比，堆雪防寒由于取材方便，所以具有省工、省时、费用少、保持土壤水分等优点。防寒的效果与堆雪深度密切相关，并非堆雪越深效果越好。因此，堆雪防寒应注意厚度适当，一般覆盖厚度以树体高度2/3为宜，适宜厚度为15～30厘米。经堆雪防寒的效果好，很少有抽条现象，产量与不防寒、盖树叶、盖稻草相比也有大幅度提高，但这一方法受地域限制，冬季降雪少或不积雪的地区不能使用。

第七章
保护地栽培管理

　　蓝莓的保护地栽培有温室栽培和塑料大棚栽培两种形式。温室栽培又可以分为不加温的日光温室和加温温室两种，塑料大棚又可以分为有覆盖保温和无覆盖保温两种形式。不加温的日光温室在蓝莓的生长季节不需要额外提供加温，仅仅依靠日光加温就可以保证蓝莓生长发育的温度要求，主要在辽东半岛、胶东半岛等地应用。加温温室是指在蓝莓生长的寒冷时期需要对温室加温才能保证蓝莓生长发育对温度的要求。无覆盖保温的塑料大棚主要是在冬季比较温暖的地区应用，以达到早熟、避雨和防晚霜危害等目的。有覆盖的塑料大棚是指冬季在塑料大棚外覆盖一层保温材料，以达到防寒、早熟和避雨等目的，主要在辽东半岛和胶东半岛采用。其中温室生产特别是不加温的日光温室生产具有果实早熟、产量高、果实品质好等优点，所以应用比较广泛，这一章将重点就辽东半岛日光温室的蓝莓生产与露地生产的主要不同点进行说明。

一、品种选择

　　温室生产蓝莓的一个最主要目的是早熟。目前，我国 1～4 月的蓝莓果实主要依靠南美进口，国产蓝莓数量极少，市场价格也较高，所以，温室栽培的蓝莓品种选择时，除了考虑丰产性、抗逆性和品质以外，最重要的就是考虑蓝莓品种的需冷量和成熟期。温室栽培的品种的需冷量应该越低越好，这样就可以在晚秋尽早满足温室蓝莓对需冷量的要求，从而结束休眠，以便于尽早揭开温室的保温被，使蓝莓尽早开始生长。从这个角度讲，越是靠近北方地区，秋季降温越早，越可以尽早生长，蓝莓成熟也越早。但是，太偏北的地区由于冬季过于寒冷，温室必须加温才能保证蓝莓的生长发育，而温室加温的成本很高，加温蓝莓早熟后较高的收益，往往弥补不了加温的成本。因此，温室早熟栽培模式的优势区为冬季不需要加温的区域。在这一区域内，越偏北，秋季降温越早，早熟生产的优势越明显。从蓝莓对需冷量的要求看，南高丛的品种普遍低于北高丛品种，所以，温室栽培的蓝莓品种尽量选择南高丛的品种，例如密斯提、莱格西、奥尼尔、绿宝石、珠宝等。从成熟期考虑，尽量选用早熟的品种，例如北高丛的都克。这里需要注意的是需冷量高低和成熟期早晚两方面决定了温室蓝莓的真正成熟期，选择品种时要综合考虑。例如，绿宝石需冷量为250小时，而珠宝为200小时，但是，在温室栽培中，绿宝石的成熟期却早于珠宝，因为绿宝石为早熟品种，而珠宝为中熟品种。反之，早熟品种都克与中熟品种珠宝相比，由于需冷量差别较大，中熟品种珠宝可以比早熟品种都克提早一个月开始生长，所以最终还是珠宝的果实先成熟。笔者建议辽东半岛地区日光温室应该以南高丛品种为主，使这一地区成为我国不加温日光温室蓝莓生产的优势产区。

二、温度管理

温室生产蓝莓的温度管理是一项关键性技术，包括晚秋满足低温的管理和正常生长期的温度管理等。

（一）休眠期温度管理

进入秋季，在夜温达 10℃ 以下时，要及时覆盖塑料薄膜和保温被，此时温度管理的核心是如何保证温室内的温度能尽快满足蓝莓对低温的需求。生产上为降低温室的温度，在白天将温室用保温被全部覆盖，不透光，也将白天的较高温度与温室隔绝。晚上，将温室保温被揭开 1/3 左右，并将风口揭开，让晚上的低温传入温室内。清晨，在太阳出来以前，将保温被和风口及时盖好，此项工作一直进行到白天气温稳定在 10℃ 以下时停止。温室应设置自动温度记录仪，对温室的温度进行记录，并测算低温时间累积的数量，以确定揭开保温被的时间。

（二）生长期温度管理

1. 萌芽期温度管理　低温时间基本满足蓝莓的需冷量以后，温室开始升温生产。开始揭开保温被时，白天先揭开 1/3 左右持续 2～3 天，再揭开 1/2 左右持续 2～3 天，然后全部揭开，使温室内的温度逐渐升高。从揭开保温被到蓝莓开花，白天温室内温度保持在 30℃ 以下，高于 30℃ 时，要及时放风降温。夜温在 5℃ 以上即可，即使短时间内出现 0℃ 以下的温度，也不会对蓝莓的萌芽、展叶和开花产生影响。夜温较低时，会延迟蓝莓开花，从而延迟采收期。

2. 蓝莓开花坐果期温度管理　温室蓝莓的开花坐果期的温度管理是最关键的，生产上经常发生由于温度过高导致坐果不良而严重影响产量的问题。2014 年，辽东学院蓝莓课题组对辽宁丹东地区某公司的 4 个温室蓝莓花期温度进行调查后发现，花期温度高于 30℃ 后，对蓝莓的坐果率影响极大（图 7-1、图 7-2、图 7-3、图 7-4 和表 7-1）。调查的 4 个温室只有 4 号温室的坐果率为 80% 以上，其余 3 个温室的坐果率都较低，其对应的花期温度也只有 4 号温室基本没有超过 30℃ 的温度，其余 3 个温室都有较长时间超过 30℃，而 2 号和 3 号温室超过 30℃的时间最长，其坐果率也最低。蓝莓花期的温度管理要求白天不能高于 24℃，有的品种花期对高温极为敏感，例如布里吉塔花期温度不能超过 22℃。蓝莓花期温度过高会严重影响蓝莓的坐果率，短时间的高温（35℃以上，2～3 小时）会导致蓝丰、北陆等品种的坐果率降低到 30％以下，严重影响产量。夜温仍然是维持在 5℃以上最好，即使花期出现短时间的低温（－3℃，3 小时）对蓝丰、都克和北陆的坐果率没有影响，但是夜温的高低会影响花期长短和采收期早晚，夜温较高的情况下，果实成熟期会提早。

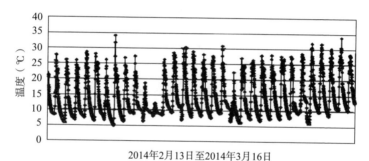

2014年2月13日至2014年3月16日

图 7-1　蓝莓 1 号温室温度记录

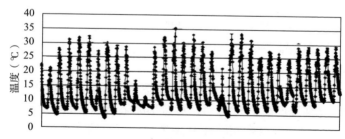

2014年2月13日至2014年3月16日

图 7-2　蓝莓 2 号温室温度记录

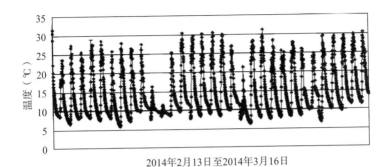

图 7-3 蓝莓 3 号温室温度记录

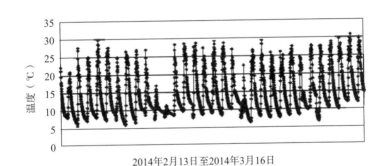

图 7-4 蓝莓 4 号温室温度记录

表 7-1 四个温室对应的坐果率

温室编号	1	2	3	4	备注
坐果率（%）	51	38	34	81.2	品种为北陆

3. 果实发育期温度管理 果实发育期白天温度不超过 28℃，夜温尽量维持在 7～10℃ 的范围内，避免夜温过高，夜温达 7℃ 以上时，不需要夜间覆盖保温被，温室的通风口也可以昼夜打开，只是降雨时为了防雨将风口关闭，以

保证温室有较大的昼夜温差，使果实的可溶性固形物等的含量增加，风味发育充分，形成高品质的蓝莓果实。也有些生产者建议把果实发育期白天和夜间的温度都提高，以提早成熟。但是果实发育期的昼夜高温管理虽然可以提早成熟，但蓝莓果实的单果重、甜度、硬度和风味等都会降低。因此，这一时期的温度管理需要平衡采收期与果实品质的关系。

三、打破休眠处理

温室蓝莓在揭开保温被进行生产时，一般都是基本满足蓝莓对需冷量的要求。蓝莓的花芽和叶芽对低温时间要求不同，一般蓝莓花芽的需冷量时间要少于叶芽，所以，温室生产经常出现的现象是先开花，后展叶，与露地正常生长的蓝莓的先展叶后开花的顺序正好相反，特别是在需冷量没有完全满足的情况下，甚至出现开花不整齐现象，出现所谓的"睡眠病"。为解决这一问题，可以在温室揭开保温被前后（2～3天内），喷施50％的单氰胺80～100倍液，喷施单氰胺后，可以使叶芽的萌芽提早，萌芽率提高，花期整齐，但喷施单氰胺后会减少花芽量，主要的原因是在不喷施单氰胺的情况下，揭开保温被后，蓝莓处于低温、短日照的条件下，结果枝可以继续分化花芽。同样的品种，在相同树龄、株行距情况下，温室栽培植株可以比露地栽培植株每株多20％～30％的花芽。因此，温室栽培的蓝莓产量也要比露地高20％左右。但是，喷施单氰胺后，花芽形成的过程受到抑制，喷施单氰胺后的蓝莓每株的花芽数量要少于不喷施单氰胺的树（表7-2）。

表 7-2　喷施单氰胺对蓝莓花芽数量的影响

品种	树龄 （年）	80 倍单氰胺处理 （花芽数量/株）	未处理 （花芽数量/株）	处理后花芽 减少比例（%）
蓝丰	6	286	321	11
都克	6	312	358	13
北陆	6	464	512	9
M7	6	332	361	8

正常情况下，揭开保温被之前蓝莓形成的花芽足够温室产量的要求，因此喷施单氰胺后不会影响温室的目标产量，但是，如果温室蓝莓上一年秋天花芽形成的数量不足的话，则要慎重使用。

另外使用单氰胺时要严格控制浓度和药液的使用量，成年树一般每亩使用单氰胺药液量 25～35 千克/亩，切勿过量使用或者浓度过高，否则，会对花芽造成伤害。

四、花果管理

温室栽培的情况下，由于花芽分化的时期较长，特别是当年揭开保温被后还在一直分化花芽。所以，温室栽培的每个结果枝形成的花芽数量要多于露地，同时，由于花芽分化的不集中，造成开花期和采收期也不集中，例如温室栽培蓝丰的花期可以持续 50 天，采收期也可以持续 40 天左右。因此，需要对温室栽培蓝莓的花果管理更加严格，以避免结果过多、花期和采收期过长的问题。一般品种要求结果枝长度在 10 厘米以上，小于 5 厘米长的结果枝全部剪除，每个结果枝上花芽数量不超过 5 个，开花 40 天以后再开的花全部疏去，以控制产量，集中采收期。

五、温室蓝莓授粉

虽然多数蓝莓品种都具有自花结实的能力，但是，由于蓝莓花器的结构特点使其靠风传播花粉比较困难，其授粉主要靠昆虫来完成。为蓝莓授粉的昆虫主要是蜜蜂和熊蜂，熊蜂具有访花速度快、开始工作的起始温度较低的特点，更适合为蓝莓授粉。温室栽培条件下，由于花期处于冬季，温室内没有天然的授粉昆虫，因此配置熊蜂或者蜜蜂为蓝莓授粉是必需的。试验证明，在没有配置任何授粉昆虫的条件下，蓝丰在温室栽培时，其自然坐果率仅为 30% 左右，而配置熊蜂或者蜜蜂的情况下，坐果率都在 80% 以上。有条件的最好选用熊蜂为蓝莓授粉。一般在温室蓝莓花开 5% 左右时，熊蜂进入温室，选择下午进入温室后将熊蜂先静置一晚，蜂箱口朝向东面，第二天早晨打开蜂箱口，熊蜂在 8℃ 左右时开始授粉，熊蜂的蜂箱里配有蔗糖液，应该将蔗糖液的袋子封口打开，并喂食花粉，等到温室蓝莓开花达 30% 以上时，熊蜂能够在温室中采集到足够的花粉时，将蔗糖液袋子的封口封上，并停止喂食花粉，一般每亩地蓝莓放置 1 箱（120～200 头）就可以满足蓝莓授粉的需要。

配置熊蜂应该注意以下问题：一是温室的风口应该用纱网封上，以避免熊蜂飞出温室。二是不能喷施对熊蜂有伤害的化学农药，有时在萌芽期施用的农药也会影响熊蜂的活动，所以必须使用农药时，应使用熊蜂所允许使用的农药，并在傍晚将蜂箱的出口封上，只保留入口，待熊蜂全部回巢后，将入口也封上，待农药的作用基本消失后再打开蜂箱的出入口。三是注意控制温室的湿度，温室内湿度过高会造成熊蜂的蜂巢发霉而影响熊蜂授粉。四是要注意防治蚂蚁对熊蜂的影响，一般是在放置熊蜂蜂箱的架子下撒上食用白醋，以避免蚂蚁爬进蜂巢。

五是进入温室的工作人员不要使用香水、化妆品等。

温室蓝莓授粉除了需要配置熊蜂或者蜜蜂以外，还要注意配置授粉树。因为虽然多数品种可以自花结实，但是，异花授粉的蓝莓坐果率更高，果实发育也更快，果实中的种子也更多，果实也比自花结实的更大些，所以，温室栽培的蓝莓最好配置授粉树，一般授粉树的比例达 10％左右即可。

露地栽培的蓝莓，一般可以结合蜜蜂采蜜，在果园中引进蜜蜂就可以达到授粉的目的，如果能配置熊蜂则效果更佳。

六、采收后修剪

参见第八章成年蓝莓的生长季修剪。

第八章
整 形 修 剪

　　蓝莓修剪是蓝莓栽培的一项重要工作，修剪的目的就是使蓝莓能够每年都高产出优质的果实。整形修剪，能够改善光照和通风条件，增强光合效率，促进花芽形成，并能通过疏除部分花芽避免结果过多，增大果体，提高坐果率。反之，不修剪，不仅坐果率降低，果实品质变差，而且会使树势开张的品种结果枝负担过重而落果，从而导致采收困难，果实容易带泥土。此外，通过修剪疏除部分病死枝、老弱枝和过密枝条，也使采收等田间操作更方便。

　　蓝莓的修剪具有双重作用，即局部的刺激作用和整体的削弱作用。从局部来讲，修剪能够使新梢的长度增长，但是从全树的总体生长量来看比不修剪减少，修剪后根系的总生长量也受到抑制，例如连续几年的重修剪会损害蓝莓的根系发育。

　　蓝莓的幼树修剪过重，会增强新梢的长势，但是也会延迟花芽的形成，蓝莓修剪应该按照品种、修剪的时期、气候条件、树势等综合判断后进行。

一、蓝莓的树体结构

　　蓝莓为灌木果树，其树体结构一般为多主枝丛状型，按照株行距，主枝数量一般为 5～8 个，整个树体形状类似于花瓶，树冠的中心应形成一定的空间，以便于通风透光。由于蓝莓的花芽只着生在一年生枝上，所以随着树龄的增长，结果部位离根系越来越远，呈现出明显的结果外移。超过五年生的主枝，其上着生的结果枝结果能力开始下降，从第 5 年起应该有计划地选留基生枝来取代老的主枝。一般可以对选留的基生枝通过短截等方式培养 3 年以上，然后去掉一个主枝。可以每年更换一个主枝，以避免一年中更换过多而影响产量。蓝莓的丰产树形上，一般直径小于 2.5 厘米的主枝占总主枝量的15％～20％，直径大于 3.5 厘米的主枝所占比例为 15％～20％，直径为 2.5～3.5 厘米的主枝占40％～70％。这在北方需要防寒的地区尤为重要。因为在埋土防寒操作时，枝龄大于 8 年、直径大于 3.5 厘米的主枝被压倒十分困难，因此，及时更新不仅可以保证主枝上结果枝的结果能力，且更有利于埋土防寒。树冠的高度建议不超过 2 米，以便于采收等操作。

二、蓝莓整形修剪的时期

蓝莓的修剪在一年四季都可以进行，但是，不同时期的修剪对蓝莓的影响是不同的。从大的方面来讲，蓝莓修剪根据不同时期可以分为休眠期修剪和生长季修剪。不同时期修剪的目的也是不同的。

(一) 休眠期修剪

休眠期的蓝莓贮藏营养主要在根系内，此时修剪对树势和根系的影响要小于生长季修剪，但是对修剪部位的局部刺激作用要强于生长季修剪。因此，休眠期修剪对于成年树和衰弱树比较适合，而对于幼旺树则应尽量少采用。休眠期内修剪越早，开花期越早，不修剪的蓝莓树开化最早。根据这一规律，可以适当晚剪以推迟花期避免晚霜的危害。休眠期是我国蓝莓产区普遍采用的修剪时期，这一时期修剪，叶片已经脱落，枝条的状态和花芽都便于识别，修剪方便，也利于判断下一年的产量。种植者习惯这一时期进行修剪，甚至有的种植者在一年中只进行一次休眠期修剪。

（二）生长季修剪

凡是在蓝莓生长季节进行的修剪都称为生长季修剪，包括早春树液开始流动而没有萌芽长叶的时期。生长季修剪对局部的刺激作用较小，修剪反应比较温和，但是对树体总的生长量和根系的抑制作用要比休眠期修剪大，所以适合幼旺树或者生长健壮的树，而不适合衰弱树。生长季修剪可以为了整形、改善光照，也可以是为了增加分枝数量、扩大树冠、增加结果枝数量，还可以改变结果枝的类型、利用二次枝结果等。种植者可以根据不同的目的在生长季灵活采用。蓝莓生长季修剪应该与休眠期修剪相结合，生长季修剪及时的果园，可以极大地减少休眠期修剪的工作量，特别是对幼旺树早期结果，提高早期产量具有极为重要的意义。除了衰弱的蓝莓植株以外，蓝莓修剪建议以生长季为主，休眠期为辅。此外，生长季修剪的时期和强度一定要和当地具体的气候条件相结合，以免达不到修剪的预期效果。例如，在辽宁地区的温室生产情况下，为了避免早期形成的大量花芽在当年秋季开花（二次花）或者花芽当年萌动、花芽鳞片部分脱落等现象，而采取采收后极重修剪的方式，将新梢全部剪除，利用新萌发的二次枝重新形成花芽第二年结果。但是，同样的时期和修剪方式，在江苏地区二次枝萌发得就不理想，主要是修剪时期的气温过高抑制了二次枝的萌发与形成。

三、蓝莓修剪的基本方法

（一）蓝莓休眠期修剪方法

1. 短截　剪除蓝莓一年生枝条的一部分，可以分为轻截、中截、重截。轻截为去除一年生枝条的 1/3 以下。中截为剪除一年生枝条的 1/2 左右。重截为剪除一年生枝条的 2/3 以上。

2. 回缩　剪除蓝莓多年生枝的一部分。

3. 疏枝　将蓝莓一年生或者多年生枝全部剪除。

4. 长放　对一年生枝不修剪。

5. 疏花芽　去掉蓝莓结果枝上的一部分花芽。

（二）蓝莓生长季修剪方法

1. 剪梢　剪除蓝莓新梢的一部分，也分为轻剪、中剪和重剪 3 种，标准同短截。

2. 摘心　仅仅剪除蓝莓新梢幼嫩的生长点。

3. 疏枝　将蓝莓新梢全部剪除。

蓝莓修剪方法比较简单，以上几种方法就可以满足蓝莓不同时期修剪的需要，而其他果树所需要的拉枝、压枝、环剥、环刻、刻芽等修剪方法在蓝莓上一般不需要使用。在生产实践中，有的种植者套用这些方法，不仅不能提高蓝莓的产量和品质，反而对蓝莓生长和结果造成不良影响。例如，有的蓝莓果园种植者在蓝莓植株两侧各拉一道高 30 厘米左右的铁丝，将蓝莓的主枝全部压在铁丝下面，结果造成树形紊乱，果实也沾上泥土，既影响树体生长，也降低果实品质。

四、不同树龄蓝莓的整形修剪

(一) 幼树修剪

蓝莓的树龄不同，其生长发育的特点也不同。一般蓝莓幼树生长旺盛，新梢抽生得也较长，全树的结果枝都以长果枝为主。幼树期一般指从定植到第 3 年。定植当年，建议去除苗木全部花芽，对萌芽率低的品种（例如蓝丰等）所有的一年生枝短截到 40～50 厘米处，对当年发出的新梢长度超过 40 厘米以上的，进行生长季修剪，剪梢保留 10 厘米左右，发出的二次枝可以继续剪梢，在辽东半岛一直可以处理到 7 月 10 日左右，后期形成的二次枝或者三次枝在 9 月 10 日前后没有停止生长的，进行摘心处理，只去除顶部生长点，以促进枝条成熟而增强越冬能力，同时可以促进花芽的形成。

对萌芽率高的品种（例如莱格西、北陆等）可以只去除一年生枝顶部花芽。由于这些品种，萌芽率高，发生的新梢数量较多，而且长度也比较适中，一般不超过 50 厘米，新梢一般不做剪梢处理。但是，新萌发的基生枝达 80 厘米以上时，可以摘心处理，其余的新梢在 9 月 10 日前后没有停止生长的可以摘心处理。

如果种植的苗木比较小，主枝数量少，高度在 40 厘米以下，建议不论什么品种都平茬，保留 3～5 个芽即可，重新培养主枝。定植当年修剪的中心任务就是恢复地上地下的平衡关系，尽快形成树冠，增加主枝和新梢的数量。

第 2 年，主枝数量基本可以达到 5～8 个，并形成了一定数量的结果枝，在休眠期修剪时，每株树花芽量不超过 50 个，结果量不超过 0.5 千克。树体较小时或者树势容易衰弱的品种（例如都克）应将花芽全部去掉不结果，其余修剪方式同第 1

年。对距离地面不足 30 厘米的低位枝全部疏除。第 2 年修剪的主要任务仍然是尽快扩大树冠，增加结果枝数量。

第 3 年，每株树的结果数量控制在 0.5～1 千克，花芽数量控制在 50～100 个，其余修剪同第 2 年。第 3 年修剪的主要任务仍然是培养树冠，兼顾结果，在培养树冠和结果有矛盾的情况下，要优先保证培养树冠。

（二）成年树修剪

从定植后的第 4 年起，一般认为蓝莓树已经达到成年阶段，该时期修剪的主要任务就是平衡蓝莓生长与结果的关系。这一时期休眠期修剪的步骤如下。

1. 单株蓝莓树花芽及结果枝剪留量的估算 成年蓝莓树修剪的主要任务是在保证营养生长的前提下达到一定的结果量，所以需要在修剪前，根据目标产量来确定每株蓝莓树应剪留的花芽数量，并根据当地不同品种"花芽数/结果枝"的数值，估算出每株树应剪留的结果枝数量。修剪时要求只保留长度在 5 厘米以上、直径在 2.5 毫米以上的结果枝，低于此标准的结果枝原则上要全部疏除。下表列出了不同蓝莓品种在丹东地区剪留花芽量、结果枝数量与目标产量的关系，不同地区可以根据此数据作为修剪参考（表 8-1）。

表 8-1 丹东地区蓝莓不同品种目标产量与剪留结果枝数/株的关系

品种	目标产量（千克/亩）	单果重（克）	花朵数/花芽	花芽数/结果枝	坐果率（%）	安全系数（%）	剪留结果枝数/株	备注
蓝丰	750	1.6	8	3.5	80	20	76	每亩333株
都克	750	1.6	8	4.5	80	20	70	每亩333株

（续）

品种	目标产量（千克/亩）	单果重（克）	花朵数/花芽	花芽数/结果枝	坐果率（%）	安全系数（%）	剪留结果枝数/株	备注
瑞卡	1 500	1.4	8	5.5	85	20	103	每亩333株
北陆	1 500	1.4	8	5	85	20	114	每亩333株

2. 休眠期修剪 在按目标产量估算出每株树应该剪留的结果枝数量后，第一步先剪除距离地面不足30厘米的低位枝；第二步疏除过密的、细弱的、病虫枝条和埋土防寒受到伤害的枝条，树龄8年以上的主枝逐年开始疏除；第三步对弱的主枝和枝组回缩；第四步对结果枝上过多的花芽进行疏除；第五步每年有计划地选留一个基生枝，为主枝更新做准备。对选留的基生枝根据品种进行处理，萌芽率低的一般在40～50厘米处短截，萌芽率高的品种可以长放到80厘米。

对于树势衰弱的树，建议以回缩为主，以增强恢复树势，适当控制产量。

3. 生长季修剪 主要是剪梢、疏枝和摘心，基本要求同幼树期生长季修剪。但如果树势开始衰弱时，生长季修剪的强度要减小或者停止，以避免对树势和根系的削弱，在此不再赘述。这里重点介绍一下北方温室所采用的采后重修剪技术（彩图8-1）。在北方温室生产条件下，从12月中旬就开始揭帘子生产，4～5月果实成熟时，也形成了较多的新梢。同时环境条件可以满足蓝莓花芽的形成，所以，温室蓝莓在4～5月甚至更早时期就形成了大量的花芽。这些花芽在果实采收后，有的品种当年开放形成二次花，有的虽然不开花，但是花芽的鳞片也已开裂，这对第二年蓝莓结果都会产生不良的影响。同时，由于温室的生长周期长，树体生长量大，树冠也容易郁密，树高也容易过高，不利于温室管理。为解决上述问题，采取采收后重修剪的方法，利用二次枝结果，具体的方法为：在果实采收后 1 周左右，最晚不晚于 6 月底进行，按照树体的结构，将需要保留的新梢剪留 5～10 厘米，如果树冠过密、过高，对多年生枝也可以回缩，回缩后的多年生枝也只保留 5～10 厘米，全树修剪后的新梢或多年生枝共保留的数量如下（表 8-2）。在温室生产的情况下，单果重和每个结果枝平均着生的花芽数量都会比露地生产的情况有所提高。

表 8-2　温室栽培采后修剪枝条剪留数与目标产量的关系

品种	1 个剪留枝秋季形成结果枝数量	目标产量（千克/亩）	单果重（克）	花朵数/花序	坐果率（%）	安全系数（%）	花芽数/结果枝	结果枝数/株	采后修剪保留的枝数
蓝丰	1.5	750	1.8	8	80	20	4	59	40
北陆	4	1 000	1.6	8	85	20	6	60	15
都克	2.4	750	1.8	8	80	20	5	48	20

注：按 333 株/亩计算，温室北陆控制产量在 1 000 千克/亩以保证质量。采后重修剪后至少进行一次剪梢处理。

按表 8-2 的数据，蓝丰的目标产量如果是 750 千克/亩，采后重修剪保留 40 个枝条即可；北陆目标产量如果是 1 000 千克/亩，采后重修剪保留 15 个左右的枝条即可；都克目标产量如果是 750 千克/亩，采后重修剪后保留 20 个左右的枝条。如果对目标产量的要求有变化，可以根据目标产量重新计算，但是不同的目标产量会导致单果重的变化，应根据当地的不同产量与单果重的关系，选择适宜的单果重数值。

采后重修剪后，无论是新梢还是多年生枝条，在 7～10 天后开始萌芽，修剪后，要及时滴灌，并可以通过滴灌少量施用氮肥，要及时撤除塑料薄膜，以防气温过高导致萌芽率降低或者不萌发现象，采后重修剪之后生长的二次枝长到30～40厘米时，要及时进行剪梢处理，否则秋后的结果枝数量达不到目标产量的要求。

采后重修剪虽然具有上述的优点，但也有局限性。采后重修剪的蓝莓第2年果实成熟期比不做采后重修剪的蓝莓晚1周左右，开花期和采收时期都延长1周左右。同时每年都进行采后重修剪，对蓝莓的根系会有削弱作用，所以这种修剪方式对蓝莓的树势有较高的要求，建议采后重修剪与常规的生长季修剪交替使用，以避免对树势的影响。如果以采收期作为优先考虑，不建议采用采后重修剪。

第九章
植物生长调节剂在蓝莓上的应用

　　蓝莓为多年生灌木，如管理得当，在某些地区可连续结果25年以上。现阶段，蓝莓园生产中人工费用可占蓝莓园运营成本的30％～40％。因此，人工管理得当是蓝莓园能够盈利的关键因素。植物生长调节剂是应用于植株或植物器官，并调节其生长发育的自然或合成化合物。目前已经用于果树生产的各个阶段，包括育苗、植株生长和发育调控、开花和结果、果实品质和成熟时间调控等。在蓝莓上应用植物生长调节剂可以达到调控树体营养生长、调控花期和果实成熟期、增加坐果率和增大果体等效果，间接地减少人工费用的支出。但要注意的是植物生长调节剂类化合物通常价格较高且效果显著，使用时可能会影响整个植株的生理过程。因此，在使用此类化合物前确定其对植物生理过程的影响及其对植株的附带影响效应十分必要。以下为总结植物生长调节剂在蓝莓栽培管理过程中的应用。

一、植物生长调节剂在调控蓝莓营养生长中的应用

（一）抑制树体生长

　　植物生长调节剂抑制蓝莓树体生长主要应用于兔眼蓝莓

品种。兔眼蓝莓生长势强，树体较高，使喷药、人工采摘和机械使用等操作十分困难，一般使用的植物生长调节剂为多效唑。多效唑是赤霉素生物合成途径早期阶段的抑制剂。多效唑有相对较长的半衰期，被吸收后大部分滞留在吸收部分，很少向外运输，具有延缓植物生长、缩短节间、抑制伸长生长等效果，其抑制效应可以通过使用外源的赤霉素克服。多效唑可以通过喷雾、土壤处理、涂树干、注射等方式使用，不同品种对多效唑的响应有差异。除了抑制树体生长外，多效唑的使用还可能引起花期推迟、坐果率增加等附加效应。

（二）打破休眠

包括蓝莓在内的落叶果树植物，每年都要经历休眠这一生理阶段，在休眠后开始进行花芽和叶芽的发育。在高丛蓝莓上，叶芽开绽时间通常较花芽开绽时间提前两周，而有些兔眼和南高丛蓝莓有花芽先开绽，叶芽后开绽的特点。花期所需的碳水化合物在很大程度上依赖于上一生长季的储备，如果在展叶前坐果量过高，常因碳水化合物供应不足而导致叶芽的发育受抑制，导致较低的叶果比。在此条件下，促进春季叶芽发育早于花芽或与花芽同时开绽可增加果实大小，促进一些少叶品种果实提早成熟。

针对这一问题，可以考虑利用化学药剂的冷补偿作用改善低温时间不足的现象。单氰胺应用于蓝莓休眠后具有帮助打破休眠、促进叶片更早、更好发育的作用。目前，单氰胺常用于温室蓝莓的打破休眠处理，可达到促进果实提早成熟的目的。建议的使用方法为在温室揭开保温被前后（2～3 天内），使用 50％的单氰胺水溶液 80～100 倍液喷雾，可以增加果实大小、促进采收期的集中。浓度过高或过低可能减少花芽量，导致蓝莓坐果率的降低。

（三）促进落叶

蓝莓在我国北方地区进行露地栽培时需要进行埋土防寒，部分品种在埋土时期叶片不脱落或少数脱落，造成埋在土壤下枝条发霉，影响下一生长季枝条和芽的发育，为种植者带来较大的经济损失。针对这一问题，可以考虑喷施植物生长调节剂促进蓝莓叶片的脱落。目前采用的方法是于 10 月上中旬开始使用 40%乙烯利水剂 400 倍液喷雾一次，一周后再喷施一次，可以达到促进蓝莓落叶的目的。需要注意的是不同品种间存在差异，使用前需进行试验。

二、植物生长调节剂在调控蓝莓生殖生长中的应用

（一）推迟花期

植物生长调节剂推迟蓝莓花期主要应用于存在春季冻害的蓝莓栽培地区。春季冻害是世界不同地区栽植蓝莓的共同问题。为了获得更高的经济效益，种植者会选择种植早熟品种，而果实早熟的品种通常花期较早，容易频繁遭受春季冻害。乙烯利是通过接触植物组织释放成熟激素乙烯的植物生长调节剂，可用于推迟蓝莓的花期，通过喷施、土壤处理等方式使用。通常于落叶前 1 个月左右喷施，浓度约为 40%乙烯利水剂 1 000 倍液喷雾，推迟下一生长季的花期。乙烯利除延迟花期外还可以增加蓝莓的花芽量、推迟结果期、提高坐果率和促进产量提升的作用。但需要注意的是乙烯利对不同品种的影响存在差异。

（二）抑制花芽形成

植物生长调节剂抑制蓝莓花芽形成主要应用于幼苗繁育阶段或幼树定植后的前 2～3 年。此时期是蓝莓植株进行树形建造的阶段，如果开花、结果将不能很好地完成树形的建造，影响后期植株生长结果。种植者可以通过修剪和疏果等操作人为地减少负载量，但人工操作通常成本较高且效率较低，而且修剪需在花芽形成后进行，此时花芽已经消耗了一些养分，对营养生长和生殖生长间调控作用较小。植物生长调节剂的使用可以避免人工操作带来的一些缺点。用于抑制蓝莓花芽形成的植物生长调节剂主要是赤霉素和氰化氢。赤霉素的应用存在时间效应和剂量效应，初步的试验认为于花后 13 周使用 90%赤霉素可湿性粉剂 3 000～6 000 倍液喷雾处理效果较好。除了抑制花芽形成外，赤霉素处理还可能降低叶芽数量和植株高度，增大果体。不同品种对赤霉素响应存在差异。也可使用 1%氰化氢水剂或更高浓度喷雾达到抑制花芽的效果。但由于蓝莓花芽分化时间较长，且花芽只在特定时期对氰化氢敏感，很难抑制或杀死所有的花芽。

（三）调控果实成熟期

果实采收为现阶段蓝莓生产中用工量较大的管理过程。蓝莓的采收期通常为 3～6 周，为机械采收带来诸多不便，多次采收不但对树体结构造成伤害，还会造成未成熟果实的掉落。即使是人工采收，一旦果园面积较大时，采收压力巨大。如果蓝莓成熟期集中，将利于机械采收的进行。乙烯利是用于调控蓝莓果实成熟期的主要生长调节剂。前文提到在落叶前喷施乙烯利可推迟蓝莓下一个生长季的花期；如在花期后喷施乙烯利，可提早蓝莓成熟期，使果实采收期集中；如在第一次采收后喷施，可增加蓝莓果实的落果量。除了调控蓝莓果实成熟期外，喷施乙烯利可能会影响蓝莓果实成熟期、果实糖酸含量、果实大小、果肉硬度、花青素含量等，但在不同品种和环境条件下存在差异。

三、植物生长调节剂在平衡蓝莓营养生长和生殖生长中的应用

（一）疏花疏果

在蓝莓植株完成早期的树形建造，进入结果期之后，种植者需要平衡蓝莓营养生长和生殖生长间的矛盾。由于果实发育与枝条、叶片生长间存在水分和养分的竞争，应尽早确定留果量并进行疏花疏果的操作。首先可参照前文方法于花芽形成过程中喷施赤霉素进行抑制花芽形成的操作。如进入花期，可选择使用苄腺嘌呤、赤霉素、萘乙酸、甲萘威和氯吡脲等进行喷施处理，达到疏花疏果、降低坐果率的目的，通常使用的时期为花冠脱落后 10 天或更晚。需要注意的是，不同品种对植物生长调节剂响应不同，以上生长调节剂通常在较低浓度时就发挥作用，且最佳浓度范围较窄，使用前应进行对应的田间试验。除了降低坐果率外，上述植物生长调节剂的使用还可能对蓝莓果实大小、果实成熟期、植株的生长量和产量等产生影响。

（二）提高坐果率

坐果率是保证蓝莓达到目标产量的重要前提，蓝莓足够的经济产量需要至少 60％ 的坐果率。在种植坐果率较低的品种时，可考虑使用植物生长调节剂进行处理。如兔眼蓝莓品种顶峰、灿烂、梯芙蓝坐果率可低于 40％；南高丛蓝莓中千禧坐

果率为 19％，奥尼尔、夏普蓝、帕尔梅托等坐果率相对较高，可达到 50％以上。赤霉素是广泛用于提高蓝莓坐果率的植物生长调节剂，通常于盛花期喷施，处理后可能会引起坐果率增加，但果实中种子数量减少，甚至产生无籽果实，还可能会导致果实变小。赤霉素在花期使用时需要注意喷施时间，如果施用过早，导致蜜蜂活性和授粉受到影响，花开放不正常。如使用赤霉素增加北高丛蓝莓坐果率时，应注意在蜜蜂活性低或春季花芽冻害导致坐果率低的情况下使用，否则使用赤霉素后会导致负载量较高、果体变小，并减少第 2 年花的数量。

（三）增大果体

由于蓝莓果实大小直接影响着销售价格，种植者希望获得果体较大的果实。多种植物生长调节剂可以通过直接或间接的方式调控果实大小，如前文叙述可以通过疏花疏果的方式间接获得较大的果实。也可以通过喷施人工合成的细胞分裂素氯吡脲达到增大果体的目的。氯吡脲的建议使用时期为在花后 7～21 天，建议使用浓度为 5～10 毫克/升。氯吡脲的优点是在增大果体的基础上，对坐果率无不良影响，还可能会使果实成熟后形成的蜡质增多，减少果实腐烂和失水的发生。但不同品种对氯吡脲处理的响应不同，部分试验中 CPPU 处理后出现叶、花和果的灼伤现象、节间缩短现象和果实成熟期推迟等现象。使用前需进行田间试验。

第十章
蓝莓病虫害种类及综合防治

一、常见真菌病害与防治

（一）蓝莓灰霉病

蓝莓灰霉病是目前蓝莓生产上，尤其是保护地蓝莓生产上发生的对产量影响最大的病害，在我国各个蓝莓产区均有发生。

1. 为害症状 蓝莓灰霉病主要为害蓝莓的花、幼果、果柄、新梢、叶片等幼嫩的组织。花期被侵染后，花序会枯萎。幼果上若残留花器较多，遇潮湿天气极容易感病，残留花器最早出现腐烂，后期出现灰色霉状物，病残体接触植株其他部位极易引起二次侵染。幼果发病主要从果实萼片边缘侵入，前期出现淡褐色水渍状斑，迅速扩散到整个果面呈褐色，后期病斑凹陷腐烂。果柄发病，初期出现变褐皱缩，引起上部幼果枯死（彩图10-1）。新梢发病主要从基部侵入，初现褐色水渍状，后嫩梢死亡。叶片被侵染后，若病原从叶片尖端侵入，初期多从叶片尖端形成 V 形病斑，逐渐向叶片内部扩散；如果从叶缘侵入，则病变呈圆形或不规则形状，随时间增加，病斑颜色由浅入深，具轮纹状。潮湿天气下侵染部位均可出现稀疏灰色霉层。

2. 病原　蓝莓灰霉病病原为灰葡萄孢菌（*Botrytis cinerea* Pers.），属子囊菌门盘菌亚门，葡萄孢核盘菌属真菌。其分生孢子梗淡褐色，有隔膜，略弯曲，顶端分枝，分枝末端小梗上聚生大量分生孢子，分生孢子椭圆形或卵圆形，单胞，淡褐色或无色。菌核黑色不规则，该菌生长的温度范围为5～30℃，最适生长温度为20℃；孢子最适宜的萌发温度为20～25℃；超过30℃菌丝生长完全受到抑制。该菌在pH为4～12的范围内均可生长；生长最适pH为5～6。

3. 发病条件　蓝莓灰霉病喜低温潮湿，多发生于阴冷多雨的天气和管理不当的温室中。一般低温高湿的环境下灰霉病容易大面积流行。环境温度在15～22℃，湿度达90%以上时，蓝莓灰霉病容易发生。作为一种腐生真菌，当田间管理不当造成树势生长衰弱时更容易发生灰霉病。

4. 病害循环和发生规律　灰霉病菌以菌核、分生孢子和菌丝体随病株残体在土壤中越冬。菌核内层为疏松组织，外层为拟薄壁组织，表皮细胞壁厚，较坚硬可抵御不良环境。有研究显示菌核在土壤中可存活7～10个月之久，待条件适宜时开始萌发产生大量的分生孢子，分生孢子成熟后从分生孢子梗脱落，借外力传播，进行侵染。分生孢子一般通过自然气孔、机械伤口或从衰老的器官和幼嫩组织侵入。蓝莓谢花后花瓣残体不易脱落，若碰上连续阴雨天气，花瓣残体迅速腐烂并形成灰色霉层，对幼果和嫩梢形成二次侵染。低温高湿的环境最易造成该病的流行，植株枝叶过密、生长势衰弱、通风透光不良、机械损伤、虫伤和日照灼伤均能加重该病的发生程度。

5. 防治措施

（1）农业防治　选用抗病品种，或选种早熟、晚熟品种，避开多雨季节开花。

搞好园区清洁工作，结合冬季修剪清除田间病株残体等，要做到彻底清园并集中烧毁。在生长季发病，要及时摘除病叶、病果等发病部位，并进行喷药，防止病菌的再次侵染。阴雨天避免浇水，温室内要加强通风排湿工作，控制设施内的空气相对湿度小于65％，可以有效地防止和减轻灰霉病的发生。由于蓝莓枝梢萌发量大，因此要加强抹芽、摘心等管理，增加通风透光次数，降低树体内部湿度，从而达到减轻病害流行的目的。不偏施氮肥，防止树势徒长，增强植株自身的抗病能力。蓝莓花谢后，有些品种残花不容易脱落，应及时清除残花或用棍棒轻敲树体震落残花，减少二次侵染来源。

（2）药剂防治　花期开始喷药，可用40％嘧霉胺可湿性粉剂750～1 000倍液、50％腐霉利可湿性粉剂1 200～1 500倍液。但果期禁止喷药，避免造成农药残留。

（二）蓝莓锈病

辽宁丹东地区已有发生，对产量有一定的影响。

1. 为害症状　受害叶片上出现棕红色锈斑，叶片背面形成红褐色夏孢子堆（彩图10-2）；病叶变黄，落叶早。病菌以菌丝体在转主寄主组织内越冬，春季遇雨水冬孢子吸水膨胀，借助雨水传播侵染蓝莓幼嫩组织，导致树木生长势下降，影响花芽形成的数量，进而降低产量。

2. 病原　蓝莓锈病病原为 *Pucciniastrum vaccinii*，膨痂锈菌科，膨痂锈菌属，具有全循环型转主寄主生活史。转主寄主有冷杉属（*Abies*）、铁杉属（*Tsuga*）、云杉属（*Picea*）等针叶树。其锈孢子阶段寄生在转主寄主上，夏孢子和冬孢子则寄生在蓝莓上。

3. 发病条件　蓝莓锈病病菌有转主寄生的特性，必须在转主寄主针叶树木上越冬，才能完成其生活史。若蓝莓种植园周围半径5千米范围内没有转主寄主，蓝莓锈病则一般不能发生。蓝莓旺盛生长期，如遇长时间阴雨天气，则蓝莓锈病发生较重。

4. 防治措施

（1）农业防治　清除蓝莓种植园周围半径 5 千米以内的冷杉属、铁杉属、云杉属等转主寄主，是防治蓝莓锈病最彻底有效的措施。在新建蓝莓园时，应考虑附近有无针叶类树木等转主寄主存在，如有少量应全部清除，若数量较多，且不能清除，则不宜作蓝莓园。

（2）药剂防治　若已经建立的蓝莓园周围转主寄主不能清除时，则应在 4 月上中旬（蓝莓树发芽前）向转主寄主喷杀菌农药，如石硫合剂、波尔多液等；若蓝莓叶片上已经发现锈病，则喷施 20％三唑酮乳油 600 倍液。注意花期不能喷药，防止发生药害。

（三）蓝莓炭疽病

目前辽宁地区已有发生，但主要为害植株的枝叶，在采收期蓝莓的果实上尚未发现发病症状。

1. 为害症状　蓝莓花期至果期均可发病，8 月高温多雨季节发病较多。在枝叶上发病主要有两种类型：一种侵染一、二年生枝条上的花芽及叶芽，发病初期出现水渍状棕褐色斑点，随病情发展病斑呈菱形、长条形或者不规则形状扩展，病斑凹陷，病斑中央呈灰白色，四周有棕褐色晕圈，发病枝条萎蔫、枯死，但并不导致植株死亡；第二种从幼嫩叶片和枝条的中央或边缘侵入，发病初期形成红褐色圆形或不规则形病斑，病斑逐渐扩大后中央呈棕褐色，病健交界处有红色晕圈，并具有明显的边缘，后期导致病叶皱缩变形，枝条病斑中心开裂，偶尔开裂部位着生小黑点，小黑点即病原菌的分生孢子盘。

受侵染的果实未成熟时期不表现任何症状，果实成熟后，表现出过熟腐烂病的症状。发病初期，果实软化、皱缩，凹陷处出现凝胶状、橙黄色的分生孢子堆，这是炭疽病最典型的症状（彩图 10-3）。

2. 病原　该病的病原主要为炭疽菌属（*Colletotrichum*）的两个种类尖孢炭疽菌（*Colletotrichum acutatum*）和胶孢炭疽菌（*C. gloeosporioides*）。两者可单独侵染也可复合侵染。

尖孢炭疽菌（*C. acutatum*）在 PDA 培养基（马铃薯葡萄糖琼脂培养基）上，菌落呈圆形，边缘整齐、平铺，气生菌丝和基生菌丝均发达，菌丝初期为白色，逐渐变为橘红色，菌落后期变为橄榄绿色或青灰色，具有明显的同心轮纹。菌丝有隔，分枝，分生孢子梗及分生孢子均无色，单胞，纺锤形，末端锐尖。

胶孢炭疽菌（*C. gloeosporioides*）在 PDA 培养基上，菌落呈圆形，气生菌丝发达，初期菌落为白色，5～6 天后逐渐变为浅灰至深灰色，产生橘红色分生孢子团。分生孢子梗无色至褐色，具分隔，分生孢子无色，单胞，圆柱状，两端钝圆或一段稍窄。

3. 病害循环和发生规律　病原菌在受害枝条、病组织上越冬，第 2 年春季和初夏产生分生孢子，如遇雨水则随风雨传播，侵染花器或幼嫩组织。25℃为分生孢子最适宜的侵染温度。高温潮湿有利于该病的发生。

4. 防治措施

（1）农业防治　修剪清除感病枝条、叶片及果实，并清除田间杂草，减少侵染来源，尽量采用滴灌而非喷灌，减少分生孢子的传播。加强田间通风透湿，降低植株内部湿度，适当修剪蓝莓植株，防止植株郁闭。及时采收，果实采收后要放置在冷凉处，若能在采收后 2 小时内进行预冷则能更好地防病。

（2）药剂防治　秋季落叶后或春季花芽萌动前喷施石硫合剂可以有效消灭越冬的病原菌。花期至果实未成熟前每隔10～15 天喷施一次 75％百菌清可湿性粉剂 600 倍液或 50％多菌灵可湿性粉剂 800 倍液，连续喷施 2～3 次，可有效控制病害发生。

（四）蓝莓僵果病

蓝莓僵果病又称果霉病，在国外是蓝莓生产中分布最广泛，为害最严重的真菌性病害，目前国内发生较少。

1. 为害症状 该病主要为害幼嫩枝条和果实；典型特征是蓝莓感病后，幼嫩枝条枯萎，果实干瘪皱缩形成僵果（彩图 10-4）。侵染初期，造成新叶、新梢、花序的突然萎蔫、变褐，类似霜冻的症状，但在潮湿的环境条件下，叶基部会出现棕色或灰色的分生孢子堆，花梗上会出现灰色孢子层。结果初期感病，受害果实外观无异常，将果实切开后，可见白色海绵状菌丝；随着果实的成熟，果实逐渐萎蔫、失水，果色呈粉红色至淡褐色。果实变色初期质地变软，且果实表面形成小褶皱，后期随着果实的枯萎，质地变坚硬，病果在采收前即大量掉落。

2. 病原 蓝莓僵果病病原为 *Monilinia vacciniicorymbosi*，链核盘菌属真菌。PDA 培养基上菌落棕褐色至淡棕色。分生孢子链状排列，柠檬形或近球形，无色、光滑。

3. 病害循环和发生规律 该菌在落于地面的僵果中或以假菌核的形式越冬。早春，当温度达 10℃左右时，假菌核开始萌发，形成褐色喇叭状的子囊盘。子囊盘内壁是表层排列紧密的子囊，每个子囊内含有 8 个子囊孢子。子囊孢子随风传播，首先为害新梢，引起幼嫩枝条和叶片的枯萎，此阶段为初级侵染；枯萎组织上产生分生孢子，通过风、雨、昆虫等媒介将分生孢子传播到花朵的柱头上，此为次级侵染；分生孢子萌发后进入花柱和子房，为害果实，形成僵果，完成其生活史。早春雨水较多、空气湿度高的地区发病较严重；冬季低温时间长的地区发病较严重。

4. 防治措施

（1）农业防治 秋季，将果园内的病株残体、落果集中烧毁或掩埋，清除该病的初侵染来源。早春，进行行间耕作或在植株下适当进行土壤粗筛都可以起到覆盖僵果、清除初侵染来源的作用。或者在早春时，喷施 0.5％的尿素，可以在子囊盘形成期破坏子实体结构，有效控制初级侵染。

（2）药剂防治　开花前使用适合的杀菌剂可以控制生长季发病，可喷施 70％代森锰锌可湿性粉剂 500 倍液、50％多菌灵可湿性粉剂 800 倍液或 70％甲基硫菌灵可湿性粉剂 1 000 倍液。

（五）蓝莓拟茎点枝枯病

由拟茎点霉侵染蓝莓引起的枝枯，1975 年该病在美国印第安纳州和密歇根州蓝莓主产区流行导致减产严重。近几年来，在山东半岛蓝莓产区也发现该病。

1. 为害症状　受害蓝莓嫩枝上形成褐色的病斑，病斑在嫩枝上扩展，引起嫩枝的枯死，后期嫩枝褪色变白，在病斑处产生大量的分生孢子器，潮湿时溢出分生孢子角；芽受侵染后变褐坏死；剖开受害组织，皮层稍变黄，而包括维管束、木质部和髓部在内的中柱部分变为褐色，且褐色是从中柱部分由外向内逐渐变淡。该病危害严重，其受害严重植株的大多数枝条将会枯死甚至整株枯死。

2. 病原　该病原菌为乌饭树拟茎点霉（*Phomopsis vaccinii*），越橘间座壳（*Diaporthe vaccinii*）的无性阶段，属子囊菌门（Ascomycota），盘菌亚门（Pezizomycotina），间座壳科（Diaporthaceae）。

在自然基质上载孢体为分生孢子器，散生或聚生，初埋生于树皮下，成熟后外露，暗褐色至黑色，球形，近球形或不规则形。分生孢子器壁厚，具孔口，单腔室。分生孢子器产生两种类型的分生孢子，甲型孢子无色，单胞，卵圆形至椭圆形，有两个明显的油球，能萌发；乙型孢子无色，单胞，线形，一端常呈钩状，无油球，不能萌发。

在 PDA 培养基上 28℃培养 5 天后菌落直径达 75 毫米，菌落白色至乳白色，表面出现 3～4 道界限明显的环痕，毛毡状，边缘锯齿状，背面同色；培养后期菌落上出现稀疏的黑色分生孢子器，聚生，黑色，近球形或不规则形，顶端呈乳突状，大小不一；单腔室；分生孢子器壁厚。分生孢子器后期释放出黄色分生孢子角。分生孢子梗具有分枝，1～2 个隔膜，无色；产孢细胞内壁芽殖型，瓶梗式。

3. 病害循环和发生规律　该病害侵染周期长，在连续侵染下，蓝莓可整株死亡。此外，该病菌也可侵染蓝莓的果实和叶片，导致果实腐烂；由于目前在国内首次发现该菌可导致蓝莓枝枯病，是否会侵染叶片和果实仍需证实。乌饭树拟茎点霉主要是通过雨水传播，由花芽侵入植株；在枝条有伤口的情况下，可与导致蓝莓枝干溃疡的葡萄座腔菌复合侵染。

4. 防治措施

（1）农业防治　冬季彻底清除病枝落叶，减少越冬菌源。在花芽开放之前要仔细检查园内植株，清除病枝，喷洒波尔多液预防。生长季及时清除田间病株残体，尤其是露地栽培，防止雨水传播病害蔓延。果实生长期要重视虫害（尤其是刺吸式口器的害虫）防治；喷施钙肥 2～3 次，合理灌溉，配方施肥。冬季注意防寒，减少冬春两季产生冻伤。

（2）药剂防治　可喷施 25%吡唑醚菌酯乳油 1 800 倍液或 24%腈苯唑悬浮剂 1 500 倍液，能有效控制病害。

二、常见细菌病害与防治

蓝莓根癌病

蓝莓根癌病主要发生在未调酸地块和扦插育苗棚中。

1. 为害症状　根癌发病早期，表现为苗木根部出现小的表面粗糙的白色或肉色瘤状物隆起（彩图 10-5）。始发期一般为春末或夏初，之后根癌颜色慢慢变深、增大，最后变为棕色至黑色。根癌病发生后影响植株根系，造成植株发育不良，发育受阻。

2. 病原　病原为根癌土壤杆菌（*Agrobacterium tumefaciens*），杆状，革兰氏阴性，不产生芽孢，依靠 1～6 个鞭毛运动，菌落一般为白色至奶白色，凸起，有光泽，全缘。

3. 发生规律　病菌通过土壤传播，通过枝条或根系的自然伤口或农事操作形成的机械伤口进入植株体内，诱导植株形成瘤体。

4. 防治措施

（1）农业防治　选择健壮苗木栽培，及时剔除染病幼苗，发病后要彻底挖除病株，并集中处理。挖除病株后的土壤用 1%波尔多液进行土壤消毒。加强肥水管理。耕作、施肥及除草等农事操作时，注意不要损伤根茎部，并及时防治地下害虫和咀嚼式口器昆虫及线虫。一般在土壤偏碱性的条件下，容易发生根癌病，因此对土壤进行调酸预防根癌病非常必要。

（2）药剂防治　用 0.2%硫酸铜等灌根，每 10～15 天 1 次，连续 2～3 次。用 K84 菌悬液浸苗或在定植、发病后浇施根部，均有一定的防治效果。

三、常见地下害虫与防治

地下害虫指多在土中活动，主要为害植物地下部和近地面根茎的所有害虫，主要包括蛴螬、蝼蛄、地老虎和金针虫等，其中以蛴螬对蓝莓为害最重。

（一）蛴螬

蛴螬是鞘翅目金龟甲总科幼虫的通称。蓝莓上的常见种类有丽金龟科的墨绿彩丽金龟、铜绿丽金龟、苹毛丽金龟、中华弧丽金龟、琉璃弧丽金龟和花金龟科的小青花金龟（下文简称"墨绿丽""铜绿丽""苹毛丽""中华丽""琉璃丽"和"小青花"）等比较常见。

1. 为害状 蛴螬是多食性害虫，常咬食各种植物地下部的根或地下茎，蓝莓根部受害，咬去根部表皮（彩图10-6），啃出沟槽甚至咬断，造成蓝莓整株枯死。成虫多以取食多种植物叶片和花器为主，蓝莓叶片和花器也常受害。墨绿丽、中华丽等的取食造成叶片出现缺刻和孔洞，苹毛丽、琉璃丽和小青花等种类的成虫主要取食花瓣或花托会影响坐果。

2. 形态特征

（1）幼虫（蛴螬） 体肥大，弯曲近C形（彩图10-6），体长3～4厘米，多为白色至乳白色。体壁较柔软、多皱，体表疏生细毛。头大而圆，多为黄褐色或红褐色，生有左右对称的刚毛。胸足3对，一般后足较长。腹部10节，臀节上常生有刺毛，是种鉴定的重要特征。

（2）成虫 体近椭圆形，略扁，体壁及翅鞘高度角质化，坚硬，腹部末端露在鞘翅外。触角为鳃叶状，前足胫节端部外侧多具齿。种类很多，不同种类大小和体色差别很大。

3. 发生规律 大多种类（墨绿丽、铜绿丽、苹毛丽、弧丽和小青花等）1年发生1代，大黑鳃金龟一般2年完成1代，不同种类间，成虫发生期从4月下旬持续到8月中旬不等，其中墨绿成虫在5月下旬至8月上旬活动，6月中旬发生最为集中进入高峰期，苹毛丽成虫则多发于5月上中旬。幼虫蛴螬共3龄，1～2龄期较短，3龄期最长。蛴螬终生栖居土中，其活动主要与土壤的理化特性和温湿度等有关。大黑鳃金龟在1年中活动最适宜的土温平均为13～18℃，高于23℃时，逐渐向下转移，到秋季土温下降再向上层转移。成虫除少数丽金龟和花金龟，多数种类昼伏夜出。成虫多具趋光性、假死性。成虫喜在腐烂的有机物和牲畜粪便上产卵。

4. 防治措施

（1）施用充分腐熟的有机肥，减少成虫产卵。

（2）使用频振式杀虫黑光灯诱虫　两灯常见的频振式杀虫灯间距 80 米，同时注意对灯附近成虫监测和集中防治。

（3）人工捕捉成虫　成虫盛发期的每日上午对丽金龟和花金龟等日出性成虫直接捕捉或利用假死性震落法捕捉。

（4）药剂防治

①颗粒剂撒施、穴施或沟施。可用 3％辛硫磷颗粒剂或 3％毒死蜱颗粒剂 10 千克/亩。

②药液灌根法。可利用滴灌给药或逐棵浇灌，注意控制兑水量保证药液浓度，同时要保证蓝莓根系被药液浸润，使用 40％辛硫磷或 40％毒死蜱乳油兑水后浓度应达 1 000～2 000 倍，10％高效氯氰菊酯乳油质量浓度应达 1 000 倍。辛硫磷、毒死蜱成分持效期较长，高效氯氰菊酯等菊酯类杀虫速度快、持效期短而成本低，可与前两者之一合理混用。

③防治成虫。成虫发生期可选用菊酯类农药（如 10％高效氯氰菊酯 1 000 倍液）喷雾防治。

（二）地老虎类

地老虎又名地蚕、截虫，是鳞翅目夜蛾科中以取食茎基部为主的一类害虫的统称。

1. 为害状　主要以 3 龄以后幼虫咬断蓝莓近地面当年萌蘖茎的基部为主，导致幼树枝条数量减少，推迟盛果期。1～2 龄幼虫在蓝莓或杂草心叶、叶背啮食叶肉，留下上表皮，后期也可咬食成小孔洞和缺刻。

2. 形态特征

（1）小地老虎　成虫体长 16～23 毫米，翅展 42～54 毫米，深褐色，前翅具有显著的肾状斑、环形纹、棒状纹和 2 个黑色剑状纹。老熟幼虫体长37～47毫米，灰黑色，体表布满大小不一的颗粒，臀板具2条深褐色纵带。

（2）黄地老虎　成虫体长14～19毫米，黄褐色或灰褐色，前翅横纹不明显，肾状斑、环形纹和棒形纹明显。幼虫体长37～47毫米，体表颗粒不明显，臀板为2块黄褐色斑。

3. 发生规律　小地老虎是一种迁飞性害虫，越冬北界约为秦岭淮河一线，1年发生2～7代；黄地老虎在我国1月10℃等温线以北不能越冬，1年发生2～5代。成虫在杂草及作物幼苗叶背或根部土块上产卵，一般每只雌蛾产卵1 000粒左右，多的可达2 000粒。幼虫通常6龄，平均温度17.5℃时，幼虫期40天，1～2龄昼夜活动，3龄后白天潜伏于表土下，夜出切断嫩茎基部，4～6龄为暴食期，占幼虫总食量的97％。成虫昼伏夜出，对糖醋液和黑光灯有较强趋性。

4. 防治措施

（1）**诱杀**　用糖醋液（糖6份、醋3份、白酒1份、水10份，敌百虫0.1份）或频振杀虫灯诱杀成虫，诱杀同时可为1龄幼虫、2龄幼虫防治提供依据。

（2）**人工捕捉幼虫**　对高龄幼虫可每天早晨扒开新受害植株周围表土捕捉幼虫。

（3）**药剂防治**　1～2龄幼虫在叶片为害期（成虫高峰期后10～15天出现）喷施1.8％阿维菌素乳油2 000～3 000倍液、70％吡虫啉水分散粒剂5 000倍液或10％高效氯氰菊酯乳油2 000～3 000倍液等。

四、常见吮吸式害虫与防治

（一）越橘硬蓟马

蓝莓上为害的蓟马主要为越橘硬蓟马（*Scirtothrips*

vaccinium Wang & Huang），属缨翅目蓟马科昆虫，为辽东学院小浆果团队在国内首次发现并鉴定，分布于辽宁、山东和江苏等省。据报道美国蓝莓上为害的蓟马主要包括西花蓟马（*Frankliniella occidentalis* Pergande）、东方花蓟马（*F. tritici* Fitch）等 6 种。

1. 为害状　蓟马主要通过锉吸式口器为害蓝莓花芽、幼叶、新梢等幼嫩部位。东北地区辽宁省保护地的受害情况明显重于露地。保护地芽受害率一般在 12.2%～31.0%，发生最严重的温室，受害芽占总芽数 71%，蓝莓花芽和花序脱落率达 45%。花芽受害后，芽鳞片失水状褐变（彩图 10-7），稍稍触动，整个花芽鳞片全部脱落，剥开花芽可见蓟马若虫，进一步发展整个花序芽脱落；未脱落的受害花芽中的花序可继续伸长，花瓣上可见黄色长条斑，受害严重的花序会从基部断裂脱落，造成蓝莓无法坐果，导致严重减产。蓟马也可为害叶芽，但一般不造成幼叶脱落，受害叶呈锈褐色变脆，叶脉变色尤其明显，叶脉生长受抑制，叶片呈勺形，叶肉部凸起成泡状。蓟马为害嫩枝时形成褐色粗糙条状的木栓化愈伤组织。

2. 形态特征　雌虫体黄色（彩图 10-8），长 11～11.5 毫米；触角第 1 节和第 2 节基部黄色，第 2 节端部和其余各节灰褐色。头宽约为长的 2 倍，头背有众多的细横皱纹，单眼呈扁三角形排列于复眼中后部，单眼间鬃位于前后单眼中心连线近中点处。触角 8 节，节Ⅱ最粗，节Ⅲ基部有梗，节Ⅱ、节Ⅲ、节Ⅳ和节Ⅴ基部较细，节Ⅵ和节Ⅶ端部较细。第Ⅲ、Ⅳ节各具一个叉状感觉锥，分别位于第 3 节背侧和第 4 节腹侧。前胸背板宽为长的 1.5 倍，密被细横纹。前胸背片鬃共约 11 对，前缘鬃 2 对，前角鬃 1 对，背片鬃 4 对，后缘鬃 3 对，以内Ⅱ对最长，后角鬃 1 对。中胸盾片密被横皱纹，后胸背板中央从前缘至后缘有明显网纹。前翅长无明显翅脉，翅形窄长，末端渐尖。前翅前缘鬃 23 根，前脉基鬃 3+4，端鬃 3 根（其中 1 根在中部），后脉鬃 3 根。前翅翅瓣前缘鬃 4 根。中胸和后胸内叉骨均有刺突。腹部末端呈锥形，雌虫有锯齿状产卵器；产卵管向下弯曲（侧面观）。

3. 发生规律 因种植形式不同，越橘硬蓟马田间开始出现时间不同。北方温室 2 月初、塑料大棚 3 月中旬始见若虫，成虫历期长达 17～27 天，导致明显的世代重叠现象，在温室蓝莓上一年可发生 10 余代。品种间比较，蓝丰、伯克利受害较重，北陆、蓝金受害较轻。大雨对蓟马有明显的冲刷作用，辽宁丹东地区进入 7 月雨季后，越橘硬蓟马发生数量明显减少，撤去棚膜的温室中种群数量也明显下降。幼嫩部位受害重，冬芽萌发后和夏剪后，花序、新梢受害明显。另外，地面残枝落叶多的温室和塑料大棚受害重。

4. 防治措施

（1）清洁田园 修剪后及时清除残枝落叶，并带出田外，可明显降低虫口数量。

（2）药剂防治 在保护地，夏剪后新梢旺生长期喷施 10%吡虫啉可湿性粉剂 1 000 倍液、1.8%阿维菌素乳油 1 000 倍液等；冬季花芽开绽前，清除残枝落叶后，用 10%异丙威烟剂 400 克/亩处理；花芽开裂至花序伸长期，可喷施阿维菌素；如花序伸长至开花期用药，应选择对授粉昆虫安全的 6%乙基多杀菌素悬浮剂 1 200～1 500 倍液喷施，喷药当天不放蜂，药液干后再放蜂。露地一般不需防治，如确实发现蓟马数量较多，可参考温室的药剂防治方法。

（二）蚜虫类

蓝莓田蚜虫主要种类为绣线菊蚜（*Aphis citricola* Van der Goot）和桃蚜［*Myzus persicae* (Sulzer)］，均属同翅目蚜科。桃蚜又名烟蚜，为多食性害虫，寄主包括蔷薇科果树和十字花科蔬菜等 300 多种寄主植物；绣线菊蚜又名苹果黄蚜，以吸食蔷薇科植物汁液为生。

1. 为害状 两种蚜虫均以成、若虫群集吸食蓝莓新梢和叶片，桃蚜为害的叶片常向背面不规则卷曲皱缩，绣线菊蚜为害的叶片的叶尖常向叶背横卷。除吸汁为害外，蚜虫还排泄蜜露常诱发煤污病，被污染的叶片光合效率降低，受污染的果实也难以出售，商品性降低。蚜虫也是很多病毒病的重要传播介体，如引起病毒病造成的损失就更大。

2. 形态特征 成虫分有翅蚜和无翅蚜。体长一般 1～2 毫米，体多黄、黄绿至绿色，桃蚜有时淡粉红或红褐色，两种蚜虫在腹部第 6 节背面两侧均有 1 对明显的腹管，无翅桃蚜腹管端部黑色；绣线菊蚜整个腹管均为黑色（彩图 10-9）。

3. 发生规律 因南北不同一年发生 10～30 代不等，世代重叠明显。冬季以卵在树木枝条、芽腋间、裂缝等处越冬，以后各代越冬前均进行孤雌生殖，最后一代产生有性蚜，交配产卵越冬。5 月初开始随蓝莓萌芽，蚜虫数量逐渐增加，七八月如遇暴风雨，发生数量会明显下降。日平均温度 20℃ 左右，相对空气湿度 60%～70%，蚜虫易盛发。蓝莓如局部枝条郁闭通风不良，则蚜虫发生重。桃蚜发育最快温度为 24℃，高于 28℃ 或低于 6℃，相对湿度低于 40% 或高于 80%，对繁殖不利。蚜虫均有趋黄习性，对银灰色有负趋性。其天敌种类很多，包括捕食性天敌如瓢虫、食蚜蝇、草蛉、蜘蛛，寄生性天敌如蚜茧蜂，以及病原微生物如蚜霉菌。

4. 防治措施

（1）黄板诱蚜 田间设置黄色粘虫板，高出植株 30～50 厘米，隔 3～5 米放置 1 块，可大量诱杀有翅蚜。

（2）合理修剪 避免蓝莓树丛过于郁闭。

（3）药剂防治 可选用 20% 啶虫脒可溶性粉剂 2 000 倍液、21% 噻虫嗪悬浮剂 5 000 倍液、10% 吡虫啉 1 000 倍液、25% 吡蚜酮悬浮剂 1 000 倍液、0.5% 苦参碱水剂 800 倍液或

10%氟啶虫酰胺水分散粒剂 1 000 倍液、50%螺虫乙酯水分散粒剂 2 000～3 000 倍液等药剂喷雾。为保护瓢虫、蜜蜂等益虫，建议优先选择氟啶虫酰胺、螺虫乙酯、吡蚜酮等对天敌和传粉昆虫安全的选择性杀虫剂。

（三）大青叶蝉

大青叶蝉（*Tettigella viridis* L.）属同翅目叶蝉科，全国各地均有发生。寄主包括杨、柳、苹果、桃、玉米、水稻、大豆、马铃薯等 160 多种植物。

1. 为害状 大青叶蝉成虫在蓝莓枝条组织内产卵（彩图 10-10），每处产卵 6～12 粒，排列整齐，表皮割成月牙形裂口，严重的可造成当年生枝条枯萎。成虫、若虫也可吸食蓝莓汁液，为害较轻。

2. 形态特征 成虫体长 8～10 毫米，头宽。青绿色，有光泽，头部正面淡褐色，两颊微青，在颊区近唇基缝处左右各有 1 小黑斑；触角窝上方、两单眼之间有 1 对黑斑。后翅烟黑色及腹部背面烟黑色。卵为白色微黄，长卵圆形，长 1.6 毫米，宽 0.4 毫米，中间微弯曲，一端稍细，表面光滑。

3. 发生规律 全国从北到南一年发生 2～5 代不等，其卵在林木嫩梢和干部皮层内越冬。第一代若虫孵出 3 天后大多由原来的产卵寄主植物，移到矮小的寄主，如杂草上为害。善跳，飞翔能力较弱，成虫趋光性很强。夏季卵多产于芦苇、野燕麦、早熟禾、小麦、玉米、高粱等禾本科植物的茎秆和叶鞘上；越冬卵产于蓝莓等林木、果树的幼嫩光滑的枝条和主干上，以直径 1.5～5 厘米的枝条着卵密度最大。在一、二年生苗木及幼树上，卵块多集中于近地面主干至 100 厘米高的主干上，越靠近地面卵块密度越大，在三、四年生幼树上，卵块多集中于 1.2～3.0 米高处的主干与侧枝上，以低层侧枝上卵块密度最大。辽宁丹东地区一般于 10 月中旬后，出现蓝莓上成虫产卵高峰。

4. 防治措施

（1）清除园地及附近杂草。

（2）在成虫期黑光灯诱杀，可以大量消灭成虫。

（3）10月中旬左右，当雌成虫转移至蓝莓树上产卵时，喷施10%高效氯氰菊酯乳油2 000倍液、48%毒死蜱乳油1 500倍液、50%啶虫脒水分散粒剂5 000倍液等药剂喷雾，田间杂草也要同时喷布周到。

（四）介壳虫类

介壳虫是同翅目蚧总科昆虫的通称，蓝莓介壳虫在不同地区具体发生种类有所不同，笔者在辽宁省丹东市发现两科［盾蚧科（Diaspididae）和蚧科（Coccidae）］共3种，主要在保护地为害。据报道，山东省蓝莓介壳虫多以日本龟蜡蚧为主。

1. 为害状 若虫和雌成虫刺吸枝、叶的汁液，排泄的蜜露常诱致煤污病发生，同时削弱树势，推迟果实成熟，降低产量，重者枝条枯死（彩图10-11）。

2. 形态特征

（1）蚧科

①日本龟蜡蚧。雌成虫体背有较厚的白蜡壳，呈椭圆形，长4~5毫米，背面隆起似半球形，中央隆起较高，表面具龟甲状凹纹，边缘蜡层厚且弯卷，由8块组成。活虫体淡褐至紫红色。雄成虫体长1~1.4毫米，淡红至紫红色，眼黑色，触角丝状，翅1对白色透明，具2条粗脉。卵：椭圆形，长0.2~0.3毫米，初淡橙黄后紫红色。若虫：初孵体长0.4毫米，椭圆形扁平，淡红褐色，触角和足发达，灰白色，腹末有1对长毛，固定1天后开始泌蜡丝，7~10天形成蜡壳，周边有12~15个蜡角。后期蜡壳加厚雌雄形态分化，雄蜡壳长椭圆形，周围有13个蜡角似星芒状。

②棉蜡蚧。发现于丹东，介壳长椭圆形，淡褐色，背部生有长长的蜡丝。

（2）盾蚧科　两种盾蚧科昆虫，一种外形接近梨圆蚧 [*Quadraspidiotus pemiciosus* (Comstock)]，但尚未做进一步鉴定，雌虫介壳近圆形隆起，斗笠状，直径约 1.7 毫米，灰白色或暗灰色，具同心轮纹。另一种外形近似桑白蚧 [*Pseudaulacaspis pentagona* (Targioni Tozzetti)]，介壳圆形，直径 2～2.5 毫米，略隆起，有螺旋纹，灰白至灰褐色，壳点黄褐色，在介壳中央偏旁。

3. 发生规律　种类不同，发生差别很大，日本龟蜡蚧一般 1 年 1 代，两种盾蚧 1 年 2 代或以上，一般均在一、二年生枝条上越冬，一般以受精雌成虫或 2 龄若虫越冬。两性生殖或孤雌生殖。

4. 防治措施

①选择无介壳虫种苗栽植建园苗木、接穗、砧木。

②保护引进释放天敌。天敌有瓢虫、草蛉、寄生蜂等。

③修剪时剪除虫枝或用粗布干草等刷除虫体。

④刚落叶后或发芽前喷含油量 10％柴油乳剂，如混用化学药剂效果更好。

⑤ 初孵若虫分散转移期喷洒 40％噻嗪酮·毒死蜱悬浮剂 1 500～2 000 倍液或 50％螺虫乙酯水分散粒剂 3 000～4 000 倍液或 22％氟啶虫胺腈悬浮剂 5 000 倍液等。其中螺虫乙酯为保证药效应在树叶茂盛时使用，也可用 99％矿物油乳油 100～200 倍液喷雾防治，冬季休眠期用 45％松脂酸钠 80～100 倍液。

（五）叶螨

叶螨是蛛形纲蜱螨目叶螨科害虫的统称，俗称红（或"白"）蜘蛛，辽宁丹东地区蓝莓上已发现叶螨为害，但未作为具体种类鉴定，国内截至发稿也没有专门报道。据国外资料，在美国芽螨是蓝莓上的重要害虫，芽螨属于瘿螨的一种，在国内尚未发现。

1. 为害状　一般集中在叶背吸汁为害，造成叶色褪绿暗淡，严重焦枯脱落，并吐丝结网，网可覆盖全叶，甚至相邻叶片间都能拉丝结网，发生严重的可看到枝梢顶部包裹一层薄薄的网幕。

2. 形态特征　分卵、幼螨、若螨和成螨4种虫态，雌螨背面观呈卵圆形，长约0.5毫米，体色多红色，二斑叶螨通常绿色或黄绿色，雄螨背面观略呈菱形，比雌螨小；卵均为球形，初产色淡，孵化前渐变为红色；若螨体半球形，足3对；幼螨足4对，椭圆形，与成螨区别在于性器官尚未发育成熟。

3. 发生规律　叶螨因种类不同越冬场所有所不同，一般以受精雌成螨在树缝、枯枝落叶下或以滞育卵在二年生小枝上越冬。叶螨喜欢温暖干燥的气候条件，辽宁丹东地区个别温室有发生，一般在蓝莓经采收、修剪后，新梢旺长，气候温暖，叶螨进入盛发期。

4. 防治措施

（1）修剪后及时清除残枝落叶。

（2）生物防治　释放智利小植绥螨或胡瓜钝绥螨等捕食螨，释放期间不可喷施杀螨剂。

（3）药剂防治　发现为害发生初期及时喷施杀螨剂。如20%乙螨唑6 000～8 000倍液、20%螺螨酯悬浮剂4 000倍液、5%噻螨酮乳油1 000倍液，以上药剂对卵和若螨、幼螨效果好；1.8%阿维菌素乳油1 000～2 000倍液对若螨、幼螨和成螨效果好；43%联苯肼酯悬浮剂2 000～3 000倍液、20%丁氟螨酯1 500～2 000倍液和15%哒螨灵乳油1 000～2 000倍液对各虫态均有效。为控制抗性的产生，使用中注意不同作用方式药剂合理混用或轮换使用。

五、常见食叶害虫与防治

泛指具咀嚼式口器取食叶片的害虫。受害叶片形成缺刻或孔洞，严重时害虫将叶片吃光。它们大多裸露生活，仅少数卷叶、缀叶营巢。该类害虫繁殖力强，往往有主动迁移、迅速扩大危害的能力，因而常形成间歇性暴发危害。由于大多裸露生活，故易于防治。主要包括鞘翅目金龟甲和叶甲、鳞翅目刺蛾、毒蛾、枯叶蛾（主要为天幕毛虫）和蓑蛾等。其中金龟甲类是蛴螬的成虫，具体情况可参见地下害虫蛴螬部分。

（一）刺蛾

刺蛾是鳞翅目、刺蛾科昆虫的统称，幼虫俗称"痒辣子"。辽宁蓝莓上以双齿绿刺蛾（*Latoia hilarata* Staudinger）最为常见，偶尔也有黄刺蛾（*Cnidocampa flavescens* Walker）和梨刺蛾（*Narosoideus flavidorsalis* Staudinger）等。双齿绿刺蛾和黄刺蛾从吉林到云南都有分布，黄刺蛾在更北的黑龙江也有分布。

1. 为害状　低龄幼虫啃食叶肉呈网状，大龄幼虫蚕食成缺刻，残留主脉和叶柄，严重时全树叶片被食光，影响树势。此外，幼虫体上因生有枝刺和毒毛，触及皮肤，轻者红肿疼痒，重者淋巴发炎甚至皮肤溃疡，"痒辣子"由此得名。幼虫期恰逢蓝莓采收期，如采收工人未进行防护，常被蜇伤。

2. 形态特征

（1）双齿绿刺蛾　成虫体长 7～12 毫米，翅展 21～28 毫米，头部、触角、下唇须褐色，头顶和胸背绿色，腹背苍黄色。前翅绿色，基斑和外缘带暗灰褐色，其边缘色淡，基斑在中室下缘呈角状外突，略呈五角形；外缘带较宽与外缘平行内弯，其内缘在第二肘脉处向内突利呈一大齿，在第二中脉上有一较小的齿突；卵长 0.9～1.0 毫米，椭圆形扁平；幼虫体长 17 毫米左右，蛞蝓形（彩图 10-12），头小，大部缩在前胸内，头顶有两个黑点，胸足退化，腹足小。体黄绿至粉绿色，背中线细天蓝色，中线两侧为蓝绿色连点纹，每节每侧 2 纹；各体节有 4 个枝刺丛，以后胸和第 1、7 腹节背面的一对较大且端部呈黑色；茧扁椭圆形，长 11～13 毫米，钙质较硬，灰褐色至暗褐色，多同寄主树皮色，茧内化蛹。

（2）黄刺蛾　成虫体长 13～16 毫米，体橙黄色。前翅内半部黄色，外半部褐色，有两条暗褐色斜线，在翅尖上汇合于 1 点，呈倒 V 形；后翅淡黄褐色。卵扁椭圆形，一端略尖，长 1.4～1.5 毫米，淡黄色。老熟幼虫体长 16～25 毫米，略呈长方形，黄绿色，背面有紫褐色哑铃形斑块。枝刺以胸部 6 个及腹部末端 2 个较大；茧石灰质，椭圆形，坚硬具黑褐色纵条纹，形似雀蛋。

3. 发生规律　双齿绿刺蛾一年发生 1～2 代，以幼虫在枝干上结茧入冬。个体间发育极不整齐，辽宁丹东地区幼虫发生高峰期在 7 月上旬至 8 月下旬，山东可发生 2 代，幼虫期在 6 月上旬至 8 月上旬，第二代幼虫发生于 8 月中旬至 10 月下旬。成虫昼伏夜出，有趋光性，对糖醋液无明显趋性，成虫寿命 10 天左右。卵多产于叶背中部、主脉附近，块生，形状不规则，多为长圆形，每块有卵数 10 粒，单雌卵量百余粒，卵期 7～10 天。低龄幼虫有群集性 3 龄后多分散活动，小幼虫啃食叶背，稍大后取食全叶，常局部成灾。老熟幼虫爬到枝干上结茧越冬，以树干基部和粗大枝杈处较多，常数头至数 10 头群集在一起。

4. 防治措施

（1）人工防治　人工摘除带有卵块和低龄幼虫群集的虫叶，集中杀死；修剪时人工刮除枝干上虫茧烧毁。

（2）频振杀虫灯诱杀　成虫发生期最好在羽化始盛期进

行，杀虫灯间距 80～100 米，高度宜高于植株。

（3）生物防治　保护和利用刺蛾广肩小蜂、姬蜂、绒茧蜂、螳螂、猎蝽等进行控制。

（4）药剂防治　在虫口比较大的果园片区，喷施 60 克/升乙基多杀菌素悬浮剂 1 000～2 000 倍液、25%灭幼脲悬浮剂 1 500～2 500 倍液、1.8%阿维菌素乳油 1 000 倍液、5%甲氨基阿维菌素苯甲酸盐乳油 5 000 倍液、15%茚虫威悬浮剂 1 000～2 000 倍液等，喷药时注意不同农药的安全间隔期，控制农药残留。

（二）毒蛾

毒蛾是鳞翅目毒蛾科昆虫的通称。蓝莓上毒蛾种类很多，东北发生的有灰斑毒蛾（*Orgyia ericae* Germar）和舞毒蛾（*Lymantria dispar* L.）。

1. 为害状　幼虫主要为害叶片和花蕾，重者把树叶和花吃光。

2. 形态特征

（1）灰斑古毒蛾　成虫雌雄异型。雄虫体长 10～13 毫米，触角羽毛状。前翅锈褐色有 2 条横线，内横线褐色直、较宽，中部向外微弯；外横线褐色锯齿形，向翅顶弯曲，然后斜向后缘，近臀角有 1 白点，白点内则较暗。后翅暗褐色缘毛浅黄色。雌虫体长 10～15 毫米，翅退化，短胖，纺锤形，体上密被白色短毛，足短，爪简单。卵扁圆形，长约 0.8 毫米，黄白色。老熟幼虫体长约 30 毫米，红黄色，头黑色。前胸背板两侧各有 1 黑色长毛束，由羽状毛组成。第 1～4 腹节背面中央各有 1 浅共同色毛刷，第 8 腹节背面有 1 个由羽状毛组成的黑色长毛束。蛹纺锤形，雌体长 13.9 毫米，雄体长 10 毫米，黄褐色。茧卵形黄白色，丝质杂有幼虫体毛。

（2）舞毒蛾　成虫雌雄异型。雄成虫：体长约 20 毫米，前翅茶褐色，有 4、5 条波状横带，外缘呈深色带状，中室中央有一黑点。雌虫：体长约 25 毫米，前翅灰白色，每两条脉纹间有一个黑褐色斑点。腹末有黄褐色毛丛。卵：圆形稍扁，直径 1.3 毫米，初产为杏黄色，数百粒至上千粒产在一起成卵块，其上覆盖有很厚的黄褐色绒毛。幼虫：老熟时体长 50～70 毫米，头黄褐色，有"八"字形黑色纹。前胸至腹部第 2 节的毛瘤为蓝色（彩图 10-13），腹部第 3～9 节的 7 对毛瘤为红色。蛹：体长 19～34 毫米，雌蛹大，雄蛹小。体色红褐或黑褐色，被有锈黄色毛丛。

3. 发生规律

（1）灰斑古毒蛾　在辽宁一年发生 2 代，以卵在茧上越冬。温室中，在蓝莓开花前幼虫即开始为害。露地越冬卵于翌春 4～5 月孵化幼虫。孵化期气温 15～20℃时需 11～13 天。5～6 月化蛹，7 月下旬第二代幼虫孵化。老熟幼虫在枝干上结茧化蛹，第一代蛹期 5 月中、下旬至 6 月，第二代 8 月下旬预蛹。9 月上、中旬成虫羽化。成虫有趋光性。幼虫 1～2 龄取食叶肉，3 龄后取食全叶。幼虫喜迁徙取食，初孵幼虫孵化后寻找适宜的叶片边缘或叶面静止不动，如遇降水立即爬到叶背。1～2 龄幼虫部分可吐丝悬在空中随风飘荡，寻找适宜枝叶，3 龄以后很少有吐丝下垂，傍晚幼虫取食相对比白天活跃。

（2）舞毒蛾　一年发生 1 代，以卵在石块缝隙或树干背面低洼开裂处越冬，每块数百粒，上覆雌蛾腹末的黄褐鳞毛。5 月寄主发芽时开始孵化，初孵幼虫白天多群栖叶背面，夜间取食叶片成孔洞，受震动后吐丝下垂借风力传播，故又称秋千毛虫。2 龄后分散取食，白天栖息树杈、树皮缝或树下石块，傍晚上树取食，天亮时又爬到隐蔽场所。雄虫蜕皮 5 次，雌虫蜕皮 6 次，均夜间群集树上蜕皮，幼虫期约 60 天，5～6 月为害最重，6 月中下旬陆续老熟，爬到隐蔽处结茧化蛹。蛹期 10～15 天，成虫 7 月大量羽化。成虫有趋光性，雄虫活泼，白天飞舞于树冠间，舞毒蛾由此得名；雌虫很少飞舞。

4. 防治措施

（1）人工防治　人工摘除枝条上灰斑古毒蛾的茧和舞毒蛾的卵块。

（2）药剂防治　两种毒蛾在蓝莓萌芽至展叶即进入幼虫发生期，应及早发现及早防治。药剂参考刺蛾，提倡使用灭幼脲等特异性杀虫剂以保护天敌。

（3）频振杀虫灯诱杀

（三）天幕毛虫

天幕毛虫又名黄褐天幕毛虫、顶针虫，属枯叶蛾科，我国东北、华北、西北等地均有分布。为害杨、梅、桃、李、柳、榆、栎、苹、梨、樱桃等多种阔叶树木。蓝莓上也较常见。

1. 为害状　幼虫在小枝分杈处吐丝结网，白天潜伏网中，夜间出来取食，严重时能将树叶全部吃光。

2. 形态特征　雌虫体长约 20 毫米，棕黄色，触角锯齿状。前翅中央有深褐色宽带，宽带两边各有一条黄褐色横线。雄虫体长 15~17 毫米，淡黄色，触角羽毛状，前翅具两条褐色细横线，横线间区域色淡。卵圆柱形，灰白色，高约 1.3 毫米。每 200~300 粒紧密黏结在一起环绕在小枝上，如顶针状，也称卵鞘。低龄幼虫身体和头部均黑色，4 龄以后头部呈蓝黑色。末龄幼虫体长 50~60 毫米，背线黄白色，两侧有橙黄色和黑色相间的条纹，各节背面有黑色瘤数个，其上生许多黄白色长毛，腹面暗褐色。腹足趾钩双序缺环。蛹初为黄褐色，后变黑褐色，体长 17~20 毫米，蛹体有淡褐色短毛。化蛹于黄白色丝质茧中。

3. 发生规律　一年发生 1 代。以完成胚胎发育的幼虫在卵壳内越冬。第二年蓝莓萌芽展叶时，幼虫孵出开始取食嫩叶，以后转移到枝杈处吐丝张网，1~4 龄幼虫白天群集在网幕中，晚间出来取食叶片，5 龄幼虫离开网幕分散到全树再次张网取食叶片。在叶背或果树附近的杂草上、树皮缝隙、墙角、屋檐下吐丝结茧化蛹。蛹期 12 天左右。成虫发生盛期在 6 月中旬，夜间活动，有趋光性，羽化后即可交尾产卵，卵产于当年生小枝上，幼虫胚胎发育完成后不出卵壳即越冬。

4. 防治措施　以春季修剪时剪除一年生小枝上的卵鞘为主要防治措施。

蓝莓萌芽展叶期幼虫即开始活动，应做到早期监测，早期防治，防治药剂参考刺蛾。

（四）美国白蛾

美国白蛾属鳞翅目灯蛾科，是我国对外检疫害虫，也称秋幕毛虫、网幕毛虫。原发生于北美洲，1979 年在我国辽宁丹东地区首次发现，造成严重危害，后又传播到上海，天津，河北的秦皇岛、北戴河，山东的烟台、威海，陕西等地。幼虫食性杂，繁殖量大，适应性强，传播途径广，为害多种林木和果树，寄主植物多达 300 种。幼虫将树叶吃光后蚕食附近的农作物、蔬菜及野生植物。蓝莓园也常有为害现象发生。

1. 为害状　以幼虫为害为主，被害树上有幼虫吐丝结的网幕，多分布于枝杈间，网幕内叶片被食成残缺不全甚至被全部食光。

2. 形态特征

（1）成虫　体长 9~12 毫米，大都为白色，头、胸白色，腹部背面白色或黄色，上有黑点。雄成虫前翅有较多黑褐色斑点，雌成虫前翅纯白色，后翅常为纯白色或在近边缘处有小黑点。

（2）幼虫　分黑头型和红头型。我国目前发现的多为黑头型，幼虫 6~7 龄，黑头型头黑色，背部有一条灰褐色纵带，纵带两侧各有一排黑色毛瘤，毛瘤上着生丛状白色长毛；体两侧淡黄色，毛瘤橘黄色或褐色；腹面灰黄或淡灰色。红头型头柿红色。

（3）卵　圆球形，有光泽，直径约 0.5 毫米，卵块紧密排列，有密毛粘连，卵绿色，孵化前变褐色。

（4）蛹　体长 8～15 毫米，平均 12 毫米；暗红褐色。头部及前、中胸背面密布不规则细皱纹，后胸背及各腹节上密布刻点，第 5～7 腹节的前缘和第 4～6 腹节的后缘均具环隆线；臀棘 8～17 根，端部膨大且中心凹陷而呈喇叭形。

3. 发生规律　在辽宁、河北一年 2 代，山东一年 3 代。以蛹结茧在老树皮下、地面下枯枝落叶和表土内越冬，第二年 5 月上旬开始羽化，5 月中旬至 7 月是第一代幼虫为害期，第二代为害期在 8 月上旬至 9 月下旬。成虫有趋光性，夜间活动，产卵于叶背面，卵粒排列成块，每块 300～500 粒，卵期约 7 天。幼虫孵出不久即吐丝结网，群聚于网内取食，将叶面食成筛网状。幼虫发生多时，受害树叶被全部食光，留有网幕挂于树上。幼虫耐饥力随龄期的延长而增长。成虫有趋光性。

4. 防治措施

（1）物理防治　利用黑光灯诱杀成虫。发现幼虫结网为害时，剪除网幕集中烧毁，杀灭幼虫；利用美国白蛾老熟幼虫下树化蛹的习性，在树干上绑草把诱集下树化蛹的幼虫，集中并销毁。冬剪时剪除天幕毛虫卵环。

（2）药剂防治　在低龄幼虫为害期，喷施灭幼脲、甲氨基阿维菌素苯甲酸盐、苦参碱、溴氰菊酯、杀螟松等均能达到良好的防治效果，其中灭幼脲有利于保护天敌，推荐使用。

（3）生物防治　在美国白蛾老熟幼虫期和化蛹初期释放周氏啮小蜂；在美国白蛾幼虫 3 龄前喷洒苏云金杆菌防治，也可使用苦参碱进行喷烟或喷雾防治。

（五）双斑长跗萤叶甲

双斑长跗萤叶甲属鞘翅目，叶甲科，是蓝莓田非常常见的叶甲。其分布范围广，从黑龙江至台湾、广东、广西、云南，朝鲜北境至宁夏、甘肃、新疆都有分布。大豆、棉花、向日葵、粟（谷子）、高粱、花生、玉米、马铃薯、十字花科蔬菜、草莓、树莓和蓝莓等都可受到双斑长跗萤叶甲的危害。

1. 为害状　主要以成虫啃食蓝莓叶片上表皮和叶肉为主，形成枯斑（彩图 10-14），易与叶斑病混淆，危害严重时仅残留网状叶脉、表皮。

2. 形态特征

（1）成虫（彩图 10-14）　体长 3.6～4.8 毫米，宽 2～3 毫米，长卵形，棕黄色，具光泽；其触角 11 节丝状，为体长的 2/3；复眼大，卵圆形，前胸背板宽大于长，橙红色，鞘翅上有线状细刻点，每鞘翅基半部具 1 近圆形淡色斑，四周黑色，腹管外露，后足胫节端部具 1 长刺。卵椭圆形，长 0.6 毫米，初棕黄色，表面具网状纹。

（2）幼虫　体长 5～6 毫米，白色至黄白色，体表具瘤和刚毛，前胸背板颜色较深。

（3）蛹　长 2.8～3.5 毫米，宽 2 毫米，白色至黄褐色，表面具刚毛。

3. 发生规律　一年 1 代，以卵在表土中越冬。5 月上中旬开始孵化，幼虫期 30～40 天，在 3～8 厘米土中活动，取食根部及杂草；蛹期 7～10 天。辽宁丹东地区 7 月中始见成虫，8 月进入为害盛期，成虫寿命较长为 50～60 天，为害期长达 90 天以上。成虫有群集趋嫩性和弱趋光性，不喜光照，成虫能飞善跳，早晚气温低于 8℃、风雨天及烈日喜藏在植物根部或枯叶下，上午 9 时至下午 5 时气温高于 15℃时成虫活跃。卵产在田间表土下或树叶上，散产或数粒粘在一起。干旱年及春季湿润、秋季干旱年发生重；新建的蓝莓园如前茬为玉米、大豆等作物，当年发生严重。

4. 防治措施

（1）农业防治　及时铲除田间杂草。

（2）药剂防治　成虫期可选菊酯类（如 10% 高效氯氰菊酯乳油 2 000 倍液等）、烟碱类（10% 吡虫啉 1 000 倍液、21% 噻虫嗪悬浮剂 2 000 倍液等）和 50% 敌畏·马乳油 1 000 倍液等。对渠边、田边生长的藜、苍耳等害虫喜食的杂草也要进行喷药，减少虫源。间隔 5～7 天再喷一次，采收期不可用药。

六、常见蛀果害虫与防治

蓝莓蛀果蛀花害虫种类很多，据观察分属于鳞翅目夜蛾科、卷蛾科、螟蛾科和双翅目果蝇科等，有些种类花期就开始为害，鉴定到具体种类的有棉铃虫 [*Helicoverpa armigera* (Hübner)] 和斑翅果蝇（*Drosophila suzukii* Matsumura），其中局部地块以夜蛾科棉铃虫危害较重。

（一）棉铃虫

鳞翅目夜蛾科昆虫，广泛分布于南北纬 50° 之间的亚洲、非洲、欧洲和大洋洲各地。我国全国范围内都有发生。棉铃虫是多食性害虫，寄主植物有 30 多科 200 余种，如棉花、玉米、豌豆、苜蓿、油菜、花生、番茄、辣椒、向日葵和苹果等。

1. 为害状　蛀食花蕾、果实，造成落花、落果及虫果腐烂，在果实上形成蛀孔，一头幼虫可为害多个果实（彩图 10-15）。

2. 形态特征

（1）成虫　体长 15～20 毫米，翅展 27～28 毫米。雌蛾前翅赤褐色，雄蛾前翅灰绿色。前翅有黑色的肾形纹和环形纹，后翅灰白色，沿外缘有暗褐色宽带，在宽带中央有两个相连的白斑。

（2）卵　半球形，上有多条纵棱，纵棱分岔。初产乳白色，后渐变为米黄色。

（3）老熟幼虫　体长 40～50 毫米，初孵幼虫青灰色，以后体色多变，分淡红、黄白、淡绿、深绿 4 个类型。头部黄色，有褐色网状斑纹。虫体各体节有毛片 12 个，前胸气门前的两根侧毛的连线通过气门，或至少与气门下缘相切（区别于烟夜蛾）。

（4）蛹　长 13～23.8 毫米，宽 4.2～6.5 毫米，纺锤形，赤褐至黑褐色，腹末有一对臀刺，刺的基部分开。

3. 发生规律　代数因地区而异，常 2～7 代不等，以蛹的形式在土中越冬。辽宁丹东地区棉铃虫在露地蓝莓的花期即开始为害，可一直持续到果实采收，甚至随果实到包装盒内，运输保存过程中继续为害。棉铃虫有转果为害习性，一头幼虫可为害 10 余个花果。成虫昼伏夜出，晚上活动、觅食和交尾、产卵。成虫产卵多在黄昏和夜间进行，喜欢产卵于嫩尖、嫩叶等幼嫩部分，散产。成虫飞翔力强，对黑光灯，尤其是波长 333 纳米的短光波趋性较强，对萎蔫的杨、柳、刺槐等枝把散发的气味有趋性。

4. 防治措施

（1）诱杀法　黑光灯、杨枝把和性诱芯诱杀。

（2）生物防治　成虫产卵期，释放赤眼蜂；卵孵化盛期至幼虫 3 龄前，每亩喷施 20 亿 PIB*／克棉铃虫核型多角体病毒悬浮剂 50～60 毫升，注意喷雾均匀，视害虫发生情况，每 7 天施药 1 次，可连续用药多次，为保证药效，喷药最好在阴天和傍晚进行，避免阳光直射。

（3）药剂防治　开花前、落花后、幼果期：推荐防治指标为每 10 棵树受害花序＞1 个，每 5～10 棵树受害果穗数＞1

---

* PIB，多为角体，是病毒计数单位。

穗。药剂喷雾，花期要使用对蜜蜂安全的药剂。可选用5%甲氨基阿维菌素苯甲酸盐乳油5 000～10 000倍液、15%茚虫威悬浮剂1 000～2 000倍液、5%氯虫苯甲酰胺悬浮剂1 000倍液等药剂喷雾防治。

（二）斑翅果蝇

斑翅果蝇（*Drosophila suzukii* Matsumura）又称铃木氏果蝇，国内分布于辽宁、河南、湖北、浙江、云南、广西、贵州等省份，在国外是美国蓝莓防治的重要害虫，同时在俄罗斯、日本、朝鲜、印度、意大利、澳大利亚等国家均有发生。斑翅果蝇的寄主包括樱桃、桃、葡萄、草莓、树莓、蓝莓、柿、番茄18科60多种植物。

1. 为害状 以幼虫在果实内部取食果浆进行为害。被害果的取食点周围迅速开始腐烂，并引发真菌、细菌或其他病害的二次侵染，加速果实的腐烂。除取食落地果或受损伤的水果外，雌虫的产卵器为坚硬的锯齿状，可将卵直接产于成熟或即将成熟的果皮较软的果实内，幼虫在果实内取食（彩图10-16）。

2. 形态特征

（1）成虫（彩图10-16） 体长2～3毫米，体宽5～6.5毫米（大小与黑腹果蝇极为相似），复眼红色，体黄褐色，腹部粗短，带有黑色环纹，翅透明。雄成虫双翅的外端部各具有一个明显的黑斑，第一对足的前跗节具有两排黑色栉，雌成虫双翅无黑色斑纹，前跗节也无栉，产卵器呈锯齿状，可刺入薄皮的成熟果实内产卵。

（2）幼虫 圆柱形，乳白色，体长不超过3.5毫米，头尖，头的前部有锥形气门。幼虫3龄。

（3）蛹 红褐色，长2～3毫米，末端具有两个尾突；化蛹场所常在果外，也可在果内。

3. 发生规律 斑翅果蝇一年能繁殖13代左右，最快12

天完成一代生活史。不同季节不同代数之间成虫寿命变化很大，寿命长短受温度影响，成活3周至10个月，有的能活300余天。主要以成虫的形式越冬，有时也以幼虫和蛹的形式越冬。春天气温达10℃时成虫开始活动，每次产卵1～3个，每个成虫一生能产300多个卵。卵在常温下12～72小时能完全孵化成幼虫，幼虫在果实内取食3～13天，生长发育成熟化蛹，蛹经过3～15天羽化为成虫。

4. 防治措施

（1）加强维护果园卫生　及时清理果园及周边的病虫果、落地果和过熟腐烂果，以减少斑翅果蝇的繁殖场所。将清理收集的垃圾果密封在透明或者黑色的厚实塑料袋中放置在太阳下曝晒7～10天，可以杀死所有的斑翅果蝇虫卵和幼虫，以减少害虫数量。

（2）引诱剂防治　大多数以醋、酒、香蕉等水果的果泥和苹果汁为主要材料，酵母、糖和水的混合物对斑翅果蝇的诱捕能力较强，另外，添加苹果醋可以增加诱捕剂的持久性，还可以使用乙醇、乙酸和苯基乙醇，按照1∶22∶5的比例制作诱捕剂，诱捕器内可以放置一小块粘虫黄板，或在诱捕剂中添加少量的洗衣液等表面活性剂，以减少斑翅果蝇的逃逸。

（3）药剂防治　在果实近成熟时喷施6%乙基多杀菌素悬浮剂1 500～2 500倍液、0.5%藜芦碱可溶性液剂1 000倍液，使用中注意严格按照安全间隔期用药。

第十一章
蓝莓采收及采后处理

全球范围内大约 2/3 的高丛蓝莓的果实被作为鲜果销售了，特别是最近十几年，蓝莓的鲜果消费量比以前翻了一番。20 世纪 90 年代起，研究发现蓝莓是花青素含量最高的果实之一，蓝莓果实中的花青素对人类健康保健作用也越来越得到重视，蓝莓品质的概念不仅只是果体大小、可溶性固形物含量、含酸量和硬度等，还包括果实的花青素含量。

我国蓝莓的主要生产季节是 6 月下旬至 7 月下旬，为了尽量延长蓝莓鲜果的供应期，需要在果实采收时采用一系列措施，以延长蓝莓果实的货架寿命。

一、采前处理对蓝莓果实品质的影响

（一）采收成熟度

蓝莓的成熟度是决定蓝莓品质和货架寿命最重要的因素，无论后期如何包装都无法改变蓝莓果实的品质，所以最适宜的成熟期才能保证果实既有利于采收又有利于贮藏和消费者食用。蓝莓果实在树上完全成熟时，其含糖量最好，风味也最佳，蓝莓果实的发育过程中，从开始着色到全部变紫仅仅需要 2~3 天的时间，但往往需要更多的时间来发育果实的风味和含糖量，未完全成熟的果实在包装盒贮藏过程中容易出现失水、果实欠色等问题，而充分成熟的果实采收后容易变软、风味变淡和腐烂，而最适合的果实采收时间是在果实完全变紫色2～3天后。将果实横切开，如果种子变褐色，但种子与果肉没有完全分离，果肉的颜色一致，这种状态为最佳的成熟状态，如果种子与果肉完全分离开，并且果肉靠近果皮的位置出现水渍状的晕圈，则果实过分成熟。

在温室或者以早熟为生产目标的果园，可以在果皮颜色完全变紫就采收。

（二）蓝莓果实的品质指标

由于种植者、销售者和消费者的侧重不同，对蓝莓果实品质的要求有所不同。种植者希望高产、抗逆性强，而销售者关注的是果实的外观、硬度、整齐性、货架寿命等，而消费者关注的是果实的新鲜程度、硬度等，最主要的是风味（包括可溶性固形物含量、可滴定酸含量、糖酸比等）。综合上述指标，对蓝莓果实品质的标准如下（表11-1）。

表 11-1　蓝莓果实品质标准

品质指标	标准值	备注
果汁 pH	2.25～4.25	
含酸量	0.3%～1.3%	质量百分比
可溶性固形物含量	大于10%	质量百分比
糖酸比	10～33	
硬度	大于70克/毫米^2	
果实直径	大于12毫米	
果实颜色	蓝色	

（三）影响蓝莓果实贮藏性的因子

1. 品种　品种是影响蓝莓果实贮藏性的内部原因，不同的品种在同样的贮藏条件下表现出明显的差异。辽东学院小浆果研究所对 15 个蓝莓品种的贮藏性试验表明，0～2℃条件下，从失水率、腐烂率、果实硬度等任一方面来看，莱格西都表现最优，可贮藏 8 周，其次为布里吉塔，其他品种很难超过 6 周。

2. 气候条件　温度、昼夜温差、光照、降水等气候条件会影响蓝莓果实的品质，从而影响果实的贮藏性。果园所处的气候条件一般很难改变，但是，通过调整种植株行距、整形、修剪、灌溉和喷施植物生长调节剂和施肥等，都能对蓝莓果园的小气候起到调节作用。例如果实直接暴露在阳光下，可能产生日烧，既会影响果实的质量，也会影响果实的贮藏性。采收期的气温过高会导致采收后果实温度较高，果实也更容易变软，采收期降水会严重影响果实的品质，使果蒂痕变湿、裂果、果实变软并加重病害的发生，还会降低果实的含糖量，如果高温和降水结合在一起，对蓝莓果实的品质和贮藏性影响就更大。

3. 营养状况　虽然蓝莓需要所有的矿质元素均达到一个适当的水平才能有一定的产量和品质，但是，在矿质元素中以氮、钾和钙对蓝莓品质的影响最为直接。例如，过量施用氮肥，会降低果实大小和含酸量，并通过增强新梢的营养生长而间接的影响果实品质，延迟果实的成熟。

在蓝莓生长过程中很少出现缺磷的情况，但是，一旦出现磷缺乏，会出现叶片减少、果实变小等问题，也有的研究认为缺磷会导致果实变软。

适量的钾可以保证蓝莓的产量、单果重，有利于提高果实可溶性固形物的含量和可滴定酸的含量、改善果实着色、延长果实的货架寿命和储运性。但是，钾和氮一样，过多会导致果实硬度降低。

钙对蓝莓果实的品质和货架寿命均有影响，许多试验证明在土壤或者叶片喷施钙的情况下，对增加蓝莓叶片或者果实中的钙含量没有稳定一致的结果。

4. 植株水分状况 植株水分不足或者过多，都会对蓝莓果实的品质产生影响，因此，对植株的水分管理需要在产量与蓝莓品质之间寻求一个平衡点。蓝莓的果实中水分含量达80%～90%，果实在生长过程中必须有足够的水分供应。水分管理要求既能满足果实发育的需要，又不能使蓝莓的根系缺氧。轻微的缺水会使蓝莓果实变小、产量降低，但是花青素含量会提高。

5. 树冠管理 研究发现，蓝莓叶果比会影响果实的品质，其影响要远大于矿质元素的影响。叶果比较低的情况下，蓝莓果实可溶性固形物含量降低，果实变小；反之，当叶果比达到2：1时，果实大小和可溶性固形物含量都有所增加。同时，树冠的管理也会影响树冠的光照情况，而光照会影响蓝莓的品质。例如在树冠内膛采收的蓝莓虽然大小与树冠外围差异不大，但是往往果实颜色欠佳。

6. 采收方法 蓝莓的采收方法对蓝莓的品质影响极大，机械采收与手工采收相比，果实更易变软，腐烂率高，机械伤多，货架寿命也短。

我国的蓝莓采收基本都是采用手工采收，手工采收的方法可以分为以下几种：

第一，田间直接包装采收，工人在田间直接分级将蓝莓装入125克容量的塑料盒内，回包装厂内定重后直接预冷后冷藏，进行销售。这种方法的优点是能最大限度地保证蓝莓的品质，缺点是采收速度较慢，果实大小有时会差异较大。适合温室和小面积高品质的蓝莓园应用。

第二，采用 125 克容量的塑料盒采收，但是不在田里分级，而是回包装厂分级称重。其优点是采收的容器小，果实的果粉保护得好，能减少机械伤，缺点是采收速度较慢。适合温室和露地第一次或者第二次采收时应用。

第三，采用 3 千克左右容量的采收筐进行采收，采收后及时运回冷库预冷，进行冷藏保存或者直接分级包装，其优点是采收速度快，缺点是对果实的品质有较大影响。适合露地栽培大量采收时应用。

蓝莓手工采收的费用在 1.5～3.0 元/千克，具体费用取决于采收的方法和采收果实的状态。

二、蓝莓采后处理

（一）预冷

蓝莓果实采收后，应该尽快预冷。一般要求采收后 4 小时之内就要进入 1℃的冷库内进行预冷，以迅速降低蓝莓的呼吸速率，减少呼吸热，这对提高果实的货架寿命具有极大的意义。例如，在 26.7℃条件下，1 吨的蓝莓果实通过呼吸作用在一天之内可以产生大量的热量，这些热量可以使 1 吨的果实温度上升 14.4℃。在 26.7℃的条件下，蓝莓果实的呼吸速率是在 4.5℃时的 20 倍，这就意味着在 4.5℃条件下的果实的货架寿命是 26.7℃条件下的 20 倍，这充分说明了及时预冷对延长蓝莓果实货架寿命的重要性。

果实的预冷提倡采用强制预冷，强制预冷的原理是将蓝莓果实置于一个隧道内，隧道的四周封闭，一端开放，另一端安置风扇，通过风扇的抽力，将冷库内 1℃的冷空气强制穿过果实的间隙，以尽快降低果实温度。为了保证预冷的效果，码垛时，要保证侧面面积的 5%～8%、底面积的 3%～5%为通风的孔道，以便冷空气通过。以上为需要贮藏较长时间的预冷方法。

如果实采收后可以立即包装，为了避免预冷后的果实与包装车间的温度差异较大而形成露水滴，可以将预冷温度调为8~10℃，包装后立即在0~1℃的条件下冷藏。

（二）冷藏保鲜

无论是预冷后的果实还是包装后的果实都应该在0~1℃、相对空气湿度85%~95%的条件下贮藏。在此条件下，蓝莓果实一般可以贮藏2~3周，在-1.3℃时果实会受冻，不同品种对冷藏的条件要求稍有差别，在冷藏过程中可以根据品种的不同需求来调整温度和湿度。

（三）气调与自发气调贮藏

气调与自发气调和低温贮藏相结合可以延长蓝莓的贮藏期，气调对O_2和CO_2含量调整是主动的，而自发气调对O_2和CO_2含量调整是被动的。提高CO_2含量、降低O_2含量可以降低蓝莓的呼吸速率，同时可以抑制乙烯的作用，从而延长蓝莓果实的贮藏期。气体成分一般调整为O_2含量2%~3%，CO_2含量10%~12%。

第十二章

蓝莓种植农场建立的一般性
程序及运行管理

一、蓝莓农场建立的一般性程序

蓝莓产业由于市场前景好，市场需求旺盛，近年来在世界范围内发展迅猛，种植面积和产量增加都很快。我国自2000年开始进行蓝莓的产业化栽培以来，栽培面积也在迅速增长，全国多个省市都有栽培。但在蓝莓产业发展的过程中，也有相当一部分蓝莓种植农场由于没有遵循蓝莓产业发展的一般规律性要求，而没有达到预期的目的，有的农场遭受了巨大的经济损失。因此，有必要对蓝莓种植农场建立的一般性程序进行论述与规范，以便于蓝莓种植者参考。

建立一个蓝莓农场和建立一个公司要求是基本相同的，只有遵循以下程序才能避免盲目投资造成的失误，下面就蓝莓农场建立的一般性程序进行论述。

（一）建立蓝莓农场的可行性研究

1. 蓝莓产业发展的长期财务预算的形成及分析 如果有意投资蓝莓产业，对于投资者来说，必须从投资效益进行综合分析，作为是否投资的依据。首先要了解不同栽培形式的蓝莓鲜果、冷冻果的国际市场价格以及国内市场的预期价格；了解不同栽培形式的蓝莓单位面积产量、鲜食果实和加工果实的比例；了解不同栽培形式单位面积的建园成本；了解不同栽培形式蓝莓的经济生长年限、不同年限的一般产量、达到盛果期的年限及产量等经济和技术指标。由专门的财务人员和专业的技术人员共同制定蓝莓生产的长期预算并进行分析，投资者最终按长期预算及效益分析来决定是否进行投资。

按照蓝莓种植管理一般规律并参考国外蓝莓产业发展的一般规模，一个蓝莓种植农场的规模以 30 公顷左右为比较适宜的种植规模。这样的规模既可以有效地利用蓝莓农场的行政费用和技术管理费用，同时也兼顾了劳动力供应的制约等因素。结合我国的实际情况，单一农场经营规模也可以适当缩小。当然，以家庭农场为主的蓝莓农场，由于管理层次少、技术支持可以与其他的农场共享，其经营规模就可以更加灵活多样，但其规模也不宜低于 2~3 公顷。若规模过小，则不能形成一定的经济产量，且会给后续采后设施配套、处理、销售等带来困扰，影响种植效益。单一蓝莓农场的规模超过 70 公顷的，一定要对当地的劳动力供应水平进行充分的考察论证，特别是在蓝莓果实采收期和北方埋土防寒这两个对劳动力需求集中、数量大的时期要有充分的考虑，否则的话，即使丰收也未必能达到增收的目的。建议在设计蓝莓农场和做长期预算时以 30 公顷左右的规模为宜。

由于蓝莓在一般的管理水平下，其经济寿命应在 15 年或者更久，所以，投资的长期预算的年限设定在 15 年。通过对 15 年中每一年的投入和产出的比较分析，得到以下财务信息供投资者参考。

第一，15 年的总投入以及每一年度的投资额度。

第二，15 年的总收入以及每一年度的收入额度。

第三，投入与产出平衡年。通过对长期预算的数据分析比较，可以预计种植后第几年可以达到当年的投入与产出平衡，此后当年收益大于投入。

第四，累计投入与产出平衡年。通过对长期预算的数据分析比较，可以预计种植后第几年达到累计的投入与产出平衡，从此年份后，开始形成投资的净利润。

第五，蓝莓的成本价格。通过对长期预算的总投入和总产量的计算，可以预计蓝莓的成本价格，成本价格可以作为投资者对目前的市场价格以及未来的价格走势综合分析后，决定是否投资的依据之一。

第六，蓝莓生产的单位面积成本。通过对长期预算数据的分析比较，可以预计在生命周期内蓝莓种植单位面积的总成本以及每一年的成本，为资金的调配使用提供依据。

第七，蓝莓种植单位面积的毛收入和净利润等。

2. 蓝莓农场建立的一般基础性资料 制定蓝莓产业发展的长期预算前，首先应该明确不同栽培形式的一些基础性资料，以下参考数据主要依据我国北方地区的生产实践得出，其他地区可以对此数据结合本地的实际情况进行修正。

（1）土地租金 预算中按 800 元/亩计算，不同地区的土地租金差异较大。

（2）苗木成本 二年生苗木为 10 元/株，三年生苗木为 20 元/株左右，露地加工栽培株行距按 2 米×1 米，333 株/亩计算，其余栽培形式都按 3 米×0.75 米，300 株/亩计算。露地栽培采用二年生苗木，保护地栽培采用三年生苗木。

（3）日常管理人工费用 保护地每人管理 10 亩地，每月工资按 1 800 元，每年按工作 10 个月计算；露地每人管理 15 亩地，每月工资按 1 800 元，每年按工作 8 个月计算。

（4）采收及包装费用 鲜果采收平均费用为 3 元/千克，

包装费用为 0.5 元/千克。冷冻果采收平均费用为 2 元/千克。

（5）保护地基建费用

①温室。15 万元/栋（亩），按 15 年折旧。

②冷棚。4 万元/栋（亩），按 15 年折旧。

（6）果园办公及简易冷藏库

①办公室及宿舍。20 万元。

②简易冷藏库。库容量 50 吨，20 万元。

（7）管理费用　管理人员 12 名：经理 1 名，月薪 5 000 元；副经理 2 名，月薪 4 500 元；技术主管 1 名，月薪 4 500 元；保管员、会计、保卫主管等共 3 名，月薪 2 500 元；田间主管 4 名，月薪 2 500 元；机械主管 1 名，月薪 4 000 元。

每月合计 40 000 元。

（8）不可预见费用　按支出总费用的 10％计算。

（二）收入预算依据

1. 产量预计　蓝莓生产的产量预计如下（表 12-1）。

表 12-1　产量预计调查表（千克/亩）

	第1年	第2年	第3年	第4年	第5年	第6年	第7年	第8年	第9年	第10年	第11年	第12年	第13年	第14年	第15年
温室和冷棚栽培	0	150	300	600	750	750	750	750	750	750	750	750	750	750	750
露地鲜食	0	100	300	500	650	650	650	650	650	650	650	650	650	650	650
露地加工	0	225	450	700	1 000	1 000	1 000	1 000	1 000	1 000	1 000	1 000	1 000	1 000	1 000

2. 果实价格预测 蓝莓的果实价格预测如下（表12-2）。

表 12-2　果实价格预测表（元/千克）

		2008年价格	2009年价格	2010年价格	2011年价格	2012年价格	预期价格
鲜食（蓝丰、都克等）	温室	172	166	156	146	130	鲜食：70 加工：14
	冷棚	116	104	102	96	70	鲜食：50 加工：12
	露地	64	60	56	50	44	鲜食：30 加工：12
加工（北陆、瑞卡）		30	30	26	24	20	12

3. 鲜食果成品率

（1）温室成品率　90%，土地利用率为50%。

（2）冷棚成品率　70%，土地利用率为75%。

（3）露地成品率　60%，土地利用率为95%。

（三）不同种植方式蓝莓长期预算（15年）

下面将按温室生产、冷棚生产、露地鲜食蓝莓生产、露地加工果生产等4种栽培形式的长期预算给出参考表（表12-3、表12-4、表12-5和表12-6）。表中给出的数据主要依据我国北方地区防寒栽培情况得出，在不同的地区、不同的品种等情况下会有一定的差别，可以根据当地的实际情况加以修正。

表12-3　温室蓝莓种植1~15年预算（450亩）

项目	第1年	第2年	第3年	第4年	第5年
地租	360 000.0	360 000.0	360 000.0	360 000.0	360 000.0
苗木	1 350 000.0	0.0	0.0	0.0	0.0
固定资产类	33 950 000.0	200 000.0	0.0	0.0	0.0
工资类	405 000.0	523 125.0	641 250.0	877 500.0	995 625.0
肥料	1 082 774.3	4 161.4	6 242.1	9 363.1	14 044.6
农药	49 950.0	11 250.0	11 250.0	11 250.0	11 250.0
能源类	33 750.0	4 500.0	9 000.0	9 000.0	9 000.0
维修类	2 250.0	450 000.0	450 000.0	450 000.0	450 000.0
行政管理费	492 000.0	492 000.0	492 000.0	492 000.0	492 000.0
技术咨询类	11 250.0	11 250.0	11 250.0	11 250.0	11 250.0
支出合计	37 736 974.3	2 056 286.4	1 980 992.1	2 220 363.1	2 343 169.6
支出浮动10%	3 773 697.4	205 628.6	198 099.2	222 036.3	234 317.0
支出总计	41 510 671.7	2 261 914.0	2 179 091.3	2 442 399.4	2 577 486.6
半成品产量（千克）	0.0	33 750.0	67 500.0	135 000.0	168 750.0
预计成品率（%）	0.0	90.0	90.0	90.0	90.0
成品产量（千克）	0.0	30 375.0	60 750.0	121 500.0	151 875.0
温室收入	0.0	2 173 500.0	4 347 000.0	8 694 000.0	10 867 500.0
露地当年盈亏	-1 770 697.9	-261 398.2	289 364.7	773 475.3	1 135 090.6
温室当年盈亏	-41 510 671.7	-88 415.0	2 167 908.7	6 251 600.6	8 290 013.4
当年盈亏	-43 281 369.5	-349 813.2	2 457 273.5	7 025 075.9	9 425 104.0
累计盈亏	-43 281 369.5	-43 631 182.7	-41 173 909.3	-34 148 833.3	-24 723 729.3

（续）

项目	第 6 年	第 7 年	第 8 年	第 9 年	第 10 年
地租	360 000.0	360 000.0	360 000.0	360 000.0	360 000.0
苗木	0.0	0.0	0.0	0.0	0.0
固定资产类	0.0	0.0	0.0	0.0	0.0
工资类	995 625.0	995 625.0	995 625.0	995 625.0	995 625.0
肥料	14 044.6	14 044.6	14 044.6	14 044.6	14 044.6
农药	11 250.0	11 250.0	11 250.0	11 250.0	11 250.0
能源类	9 000.0	9 000.0	9 000.0	9 000.0	9 000.0
维修类	3 372 075.0	450 000.0	450 000.0	450 000.0	450 000.0
行政管理费	492 000.0	492 000.0	492 000.0	492 000.0	492 000.0
技术咨询类	11 250.0	11 250.0	11 250.0	11 250.0	11 250.0
支出合计	5 265 244.6	2 343 169.6	2 343 169.6	2 343 169.6	2 343 169.6
支出浮动 10%	526 524.5	234 317.0	234 317.0	234 317.0	234 317.0
支出总计	5 791 769.1	2 577 486.6	2 577 486.6	2 577 486.6	2 577 486.6
半成品产量（千克）	168 750.0	168 750.0	168 750.0	168 750.0	168 750.0
预计成品率（%）	90.0	90.0	90.0	90.0	90.0
成品产量（千克）	151 875.0	151 875.0	151 875.0	151 875.0	151 875.0
温室收入	10 867 500.0	10 867 500.0	10 867 500.0	10 867 500.0	10 867 500.0
露地当年盈亏	1 135 090.6	1 135 090.6	1 135 090.6	1 135 090.6	1 135 090.6
温室当年盈亏	5 075 730.9	8 290 013.4	8 290 013.4	8 290 013.4	8 290 013.4
当年盈亏	6 210 821.5	9 425 104.0	9 425 104.0	9 425 104.0	9 425 104.0
累计盈亏	−18 512 907.8	−9 087 803.7	337 300.3	9 762 404.3	19 187 508.4

（续）

项目	第 11 年	第 12 年	第 13 年	第 14 年	第 15 年	合计
地租	360 000.0	360 000.0	360 000.0	360 000.0	360 000.0	5 400 000.0
苗木	0.0	0.0	0.0	0.0	0.0	1 350 000.0
固定资产类	0.0	0.0	0.0	0.0	0.0	34 150 000.0
工资类	995 625.0	995 625.0	995 625.0	995 625.0	995 625.0	13 398 750.0
肥料	14 044.6	14 044.6	14 044.6	14 044.6	14 044.6	1 257 031.8
农药	11 250.0	11 250.0	11 250.0	11 250.0	11 250.0	207 450.0
能源类	9 000.0	9 000.0	9 000.0	9 000.0	9 000.0	155 250.0
维修类	3 372 075.0	450 000.0	450 000.0	450 000.0	450 000.0	12 146 400.0
行政管理费	492 000.0	492 000.0	492 000.0	492 000.0	492 000.0	7 380 000.0
技术咨询类	11 250.0	11 250.0	11 250.0	11 250.0	11 250.0	168 750.0
支出合计	5 265 244.6	2 343 169.6	2 343 169.6	2 343 169.6	2 343 169.6	75 613 631.8
支出浮动 10%	526 524.5	234 317.0	234 317.0	234 317.0	234 317.0	7 561 363.2
支出总计	5 791 769.1	2 577 486.6	2 577 486.6	2 577 486.6	2 577 486.6	83 174 995.0
半成品产量（千克）	168 750.0	168 750.0	168 750.0	168 750.0	168 750.0	2 092 500.0
预计成品成本率（%）	90.0	90.0	90.0	90.0	90.0	
成品产量（千克）	151 875.0	151 875.0	151 875.0	151 875.0	151 875.0	1 883 250.0
温室收入	10 867 500.0	10 867 500.0	10 867 500.0	10 867 500.0	10 867 500.0	134 757 000.0
露地当年盈亏	1 135 090.6	1 135 090.6	1 135 090.6	1 135 090.6	1 135 090.6	
温室当年盈亏	5 075 730.9	8 290 013.4	8 290 013.4	8 290 013.4	8 290 013.4	
当年盈亏	6 210 821.5	9 425 104.0	9 425 104.0	9 425 104.0	9 425 104.0	
累计盈亏	25 398 329.9	34 823 433.9	44 248 538.0	53 673 642.0	63 098 746.0	

表12-4 冷棚蓝莓种植1～15年预算（450亩）

项目	第1年	第2年	第3年	第4年	第5年
地租	360 000.0	360 000.0	360 000.0	360 000.0	360 000.0
苗木	2 025 000.0	0.0	0.0	0.0	0.0
固定资产类	13 700 000.0	200 000.0	0.0	0.0	0.0
工资类	607 500.0	784 687.5	961 875.0	1 316 250.0	1 493 437.5
肥料	1 624 161.4	6 242.1	9 363.1	14 044.6	21 067.0
农药	74 925.0	16 875.0	16 875.0	16 875.0	16 875.0
能源类	50 625.0	6 750.0	13 500.0	13 500.0	13 500.0
维修类	3 375.0	675 000.0	675 000.0	675 000.0	675 000.0
行政管理费	492 000.0	492 000.0	492 000.0	492 000.0	492 000.0
技术咨询类	11 250.0	11 250.0	11 250.0	11 250.0	11 250.0
支出合计	18 948 836.4	2 552 804.6	2 539 863.1	2 898 919.6	3 083 129.5
支出浮动10%	1 894 883.6	255 280.5	253 986.3	289 892.0	308 312.9
支出总计	20 843 720.0	2 808 085.0	2 793 849.4	3 188 811.6	3 391 442.4
半成品产量（千克）	0.0	50 625.0	101 250.0	202 500.0	253 125.0
预计成品率（%）	0.0	70.0	70.0	70.0	70.0
成品产量（千克）	0.0	35 437.5	70 875.0	141 750.0	177 187.5
收入	0.0	1 954 125.0	3 908 250.0	7 816 500.0	9 770 625.0
当年盈亏	-20 843 720.0	-853 960.0	1 114 400.6	4 627 688.4	6 379 182.6
累计盈亏	-20 843 720.0	-21 697 680.0	-20 583 279.4	-15 955 591.0	-9 576 408.4

（续）

项目	第 6 年	第 7 年	第 8 年	第 9 年	第 10 年
地租	360 300.0	360 000.0	360 000.0	360 000.0	360 000.0
苗木	10.0	0.0	0.0	0.0	0.0
固定资产类	0.0	0.0	0.0	0.0	0.0
工资类	1 493 437.5	1 493 437.5	1 493 437.5	1 493 437.5	1 493 437.5
肥料	21 067.0	21 067.0	21 067.0	21 067.0	21 067.0
农药	16 875.0	16 875.0	16 875.0	16 875.0	16 875.0
能源类	13 500.0	13 500.0	13 500.0	13 500.0	13 500.0
维修类	675 000.0	675 000.0	675 000.0	675 000.0	675 000.0
行政管理费	492 000.0	492 000.0	492 000.0	492 000.0	492 000.0
技术咨询类	11 250.0	11 250.0	11 250.0	11 250.0	11 250.0
支出合计	3 083 129.5	3 083 129.5	3 083 129.5	3 083 129.5	3 083 129.5
支出浮动 10%	308 312.9	308 312.9	308 312.9	308 312.9	308 312.9
支出总计	3 391 442.4	3 391 442.4	3 391 442.4	3 391 442.4	3 391 442.4
半成品产量（千克）	253 125.0	253 125.0	253 125.0	253 125.0	253 125.0
预计成品率（%）	70.0	70.0	70.0	70.0	70.0
成品产量（千克）	177 187.5	177 187.5	177 187.5	177 187.5	177 187.5
收入	9 770 625.0	9 770 625.0	9 770 625.0	9 770 625.0	9 770 625.0
当年盈亏	6 379 182.6	6 379 182.6	6 379 182.6	6 379 182.6	6 379 182.6
累计盈亏	−3 197 225.9	3 181 956.7	9 561 139.3	15 940 321.9	22 319 504.5

（续）

项目	第 11 年	第 12 年	第 13 年	第 14 年	第 15 年	合计
地租	360 000.0	360 000.0	360 000.0	360 000.0	360 000.0	5 400 000.0
苗木	0.0	0.0	0.0	0.0	0.0	2 025 000.0
固定资产类	0.0	0.0	0.0	0.0	0.0	13 900 000.0
工资类	1 493 437.5	1 493 437.5	1 493 437.5	1 493 437.5	1 493 437.5	20 098 125.0
肥料	21 067.0	21 067.0	21 067.0	21 067.0	21 067.0	1 885 547.7
农药	16 875.0	16 875.0	16 875.0	16 875.0	16 875.0	311 175.0
能源类	13 500.0	13 500.0	13 500.0	13 500.0	13 500.0	232 875.0
维修类	675 000.0	675 000.0	675 000.0	675 000.0	675 000.0	9 453 375.0
行政管理费	492 000.0	492 000.0	492 000.0	492 000.0	492 000.0	7 380 000.0
技术咨询类	11 250.0	11 250.0	11 250.0	11 250.0	11 250.0	168 750.0
支出合计	3 083 129.5	3 083 129.5	3 083 129.5	3 083 129.5	3 083 129.5	60 854 847.7
支出浮动 10%	308 312.9	308 312.9	308 312.9	308 312.9	308 312.9	6 085 484.8
支出总计	3 391 442.4	3 391 442.4	3 391 442.4	3 391 442.4	3 391 442.4	66 940 332.5
半成品产量（千克）	253 125.0	253 125.0	253 125.0	253 125.0	253 125.0	3 138 750.0
预计成品率（%）	70.0	70.0	70.0	70.0	80.0	
成品产量（千克）	177 187.5	177 187.5	177 187.5	177 187.5	202 500.0	2 222 437.5
收入	9 770 625.0	9 770 625.0	9 770 625.0	9 770 625.0	10 732 500.0	122 117 625.0
当年盈亏	6 379 182.6	6 379 182.6	6 379 182.6	6 379 182.6	7 341 057.6	
累计盈亏	28 698 687.1	35 077 869.7	41 457 052.3	47 836 234.9	55 177 292.5	

表 12-5　露地鲜食蓝莓种植 1～15 年预算（450 亩）

项目	第 1 年	第 2 年	第 3 年	第 4 年	第 5 年
地租	360 000.0	360 000.0	360 000.0	360 000.0	360 000.0
苗木	1 282 500.0	0.0	0.0	0.0	0.0
固定资产类	584 750.0	200 000.0	0.0	0.0	0.0
工资类	410 400.0	560 025.0	859 275.0	1 158 525.0	1 382 962.5
肥料	2 057 271.1	7 906.6	11 859.9	17 789.9	26 684.8
农药	94 905.0	21 375.0	21 375.0	21 375.0	21 375.0
能源类	64 125.0	17 100.0	17 100.0	17 100.0	17 100.0
维修类	8 550.0	8 550.0	8 550.0	8 550.0	8 550.0
行政管理费	492 000.0	492 000.0	492 000.0	492 000.0	492 000.0
技术咨询类	11 250.0	11 250.0	11 250.0	11 250.0	11 250.0
支出合计	5 365 751.1	1 678 206.6	1 781 409.9	2 086 589.9	2 319 922.3
支出浮动 10%	536 575.1	167 820.7	178 141.0	208 659.0	231 992.2
支出总计	5 902 326.2	1 846 027.3	1 959 550.9	2 295 248.9	2 551 914.5
半成品产量（千克）	0.0	42 750.0	128 250.0	213 750.0	277 875.0
预计成品率（%）	0.0	60.0	60.0	60.0	60.0
成品产量（千克）	0.0	25 650.0	76 950.0	128 250.0	166 725.0
收入	0.0	974 700.0	2 924 100.0	4 873 500.0	6 335 550.0
当年盈亏	-5 902 326.2	-871 327.3	964 549.1	2 578 251.1	3 783 635.5
累计盈亏	-5 902 326.2	-6 773 653.5	-5 809 104.4	-3 230 853.2	552 782.2

（续）

项目	第 6 年	第 7 年	第 8 年	第 9 年	第 10 年
地租	360 000.0	360 000.0	360 000.0	360 000.0	360 000.0
苗木	0.0	0.0	0.0	0.0	0.0
固定资产类	0.0	0.0	0.0	0.0	0.0
工资类	1 382 962.5	1 382 962.5	1 382 962.5	1 382 962.5	1 382 962.5
肥料	26 684.8	26 684.8	26 684.8	26 684.8	26 684.8
农药	21 375.0	21 375.0	21 375.0	21 375.0	21 375.0
能源类	17 100.0	17 100.0	17 100.0	17 100.0	17 100.0
维修类	8 550.0	8 550.0	8 550.0	8 550.0	8 550.0
行政管理费	492 000.0	492 000.0	492 000.0	492 000.0	492 000.0
技术咨询类	11 250.0	11 250.0	11 250.0	11 250.0	11 250.0
支出合计	2 319 922.3	2 319 922.3	2 319 922.3	2 319 922.3	2 319 922.3
支出浮动 10%	231 992.2	231 992.2	231 992.2	231 992.2	231 992.2
支出总计	2 551 914.5	2 551 914.5	2 551 914.5	2 551 914.5	2 551 914.5
半成品产量（千克）	277 875.0	277 875.0	277 875.0	277 875.0	277 875.0
预计成品率（%）	60.0	60.0	60.0	60.0	60.0
成品产量（千克）	166 725.0	166 725.0	166 725.0	166 725.0	166 725.0
收入	6 335 550.0	6 335 550.0	6 335 550.0	6 335 550.0	6 335 550.0
当年盈亏	3 783 635.5	3 783 635.5	3 783 635.5	3 783 635.5	3 783 635.5
累计盈亏	4 336 417.7	8 120 053.1	11 903 688.6	15 687 324.0	19 470 959.5

（续）

项目	第 11 年	第 12 年	第 13 年	第 14 年	第 15 年	合计
地租	360 000.0	360 000.0	360 000.0	360 000.0	360 000.0	5 400 000.0
苗木	0.0	0.0	0.0	0.0	0.0	1 282 500.0
固定资产类	0.0	0.0	0.0	0.0	0.0	784 750.0
工资类	1 382 962.5	1 382 962.5	1 382 962.5	1 382 962.5	1 382 962.5	18 200 812.5
肥料	26 684.8	26 684.8	26 684.8	26 684.8	26 684.8	2 388 360.5
农药	21 375.0	21 375.0	21 375.0	21 375.0	21 375.0	394 155.0
能源类	17 100.0	17 100.0	17 100.0	17 100.0	17 100.0	303 525.0
维修类	8 550.0	8 550.0	8 550.0	8 550.0	8 550.0	128 250.0
行政管理费	492 000.0	492 000.0	492 000.0	492 000.0	492 000.0	7 380 000.0
技术咨询类	11 250.0	11 250.0	11 250.0	11 250.0	11 250.0	168 750.0
支出合计	2 319 922.3	2 319 922.3	2 319 922.3	2 319 922.3	2 319 922.3	36 431 103.0
支出浮动10%	231 992.2	231 992.2	231 992.2	231 992.2	231 992.2	3 643 110.3
支出总计	2 551 914.5	2 551 914.5	2 551 914.5	2 551 914.5	2 551 914.5	40 074 213.3
半成品产量（千克）	277 875.0	277 875.0	277 875.0	277 875.0	277 875.0	3 441 375.0
预计成品率（%）	60.0	60.0	60.0	60.0	60.0	
成品产量（千克）	166 725.0	166 725.0	166 725.0	166 725.0	166 725.0	2 064 825.0
收入	6 335 550.0	6 335 550.0	6 335 550.0	6 335 550.0	6 335 550.0	78 463 350.0
当年盈亏	3 783 635.5	3 783 635.5	3 783 635.5	3 783 635.5	3 783 635.5	
累计盈亏	23 254 594.9	27 038 230.4	30 821 865.8	34 605 501.3	38 389 136.7	

表 12-6　露地加工蓝莓种植 1~15 年预算 （450 亩）

项目	第 1 年	第 2 年	第 3 年	第 4 年	第 5 年
地租	360 000.0	360 000.0	360 000.0	360 000.0	360 000.0
苗木	1 423 575.0	0.0	0.0	0.0	0.0
固定资产类	584 750.0	0.0	0.0	0.0	0.0
工资类	410 400.0	602 775.0	795 150.0	1 008 900.0	1 265 400.0
肥料	2 057 850.9	8 776.3	13 164.5	19 746.8	29 620.1
农药	95 469.3	21 375.0	21 375.0	21 375.0	21 375.0
能源类	64 125.0	17 100.0	17 100.0	17 100.0	17 100.0
维修类	8 550.0	8 550.0	8 550.0	8 550.0	8 550.0
行政管理费	492 000.0	492 000.0	492 000.0	492 000.0	492 000.0
技术咨询类	11 250.0	11 250.0	11 250.0	11 250.0	11 250.0
支出合计	5 507 970.2	1 521 826.3	1 718 589.5	1 938 921.8	2 205 295.1
支出浮动 10%	550 797.0	152 182.6	171 859.0	193 892.2	220 529.5
支出总计	6 058 767.2	1 674 009.0	1 890 448.5	2 132 813.9	2 425 824.7
半成品产量（千克）	0.0	96 187.5	192 375.0	299 250.0	427 500.0
预计成品率（%）	0.0	100.0	100.0	100.0	100.0
成品产量（千克）	0.0	96 187.5	192 375.0	299 250.0	427 500.0
收入	0.0	1 154 250.0	2 308 500.0	3 591 000.0	5 130 000.0
当年盈亏	-6 058 767.2	-519 759.0	418 051.5	1 458 186.1	2 704 175.3
累计盈亏	-6 058 767.2	-6 578 526.2	-6 160 474.6	-4 702 288.6	-1 998 113.3

（续）

项目	第 6 年	第 7 年	第 8 年	第 9 年	第 10 年
地租	360 000.0	360 000.0	360 000.0	360 000.0	360 000.0
苗木	0.0	0.0	0.0	0.0	0.0
固定资产类	0.0	0.0	0.0	0.0	0.0
工资类	1 265 400.0	1 265 400.0	1 265 400.0	1 265 400.0	1 265 400.0
肥料	29 620.1	29 620.1	29 620.1	29 620.1	29 620.1
农药	21 375.0	21 375.0	21 375.0	21 375.0	21 375.0
能源类	17 100.0	17 100.0	17 100.0	17 100.0	17 100.0
维修类	8 550.0	8 550.0	8 550.0	8 550.0	8 550.0
行政管理费	492 000.0	492 000.0	492 000.0	492 000.0	492 000.0
技术咨询类	11 250.0	11 250.0	11 250.0	11 250.0	11 250.0
支出合计	2 205 295.1	2 205 295.1	2 205 295.1	2 205 295.1	2 205 295.1
支出浮动 10%	220 529.5	220 529.5	220 529.5	220 529.5	220 529.5
支出总计	2 425 824.7	2 425 824.7	2 425 824.7	2 425 824.7	2 425 824.7
半成品产量（千克）	427 500.0	427 500.0	427 500.0	427 500.0	427 500.0
预计成品率（%）	100.0	100.0	100.0	100.0	100.0
成品产量（千克）	427 500.0	427 500.0	427 500.0	427 500.0	427 500.0
收入	5 130 000.0	5 130 000.0	5 130 000.0	5 130 000.0	5 130 000.0
当年盈亏	2 704 175.3	2 704 175.3	2 704 175.3	2 704 175.3	2 704 175.3
累计盈亏	706 062.1	3 410 237.4	6 114 412.8	8 818 588.1	11 522 763.4

（续）

项目	第11年	第12年	第13年	第14年	第15年	合计
地租	360 000.0	360 000.0	360 000.0	360 000.0	360 000.0	5 400 000.0
苗木	0.0	0.0	0.0	0.0	0.0	1 423 575.0
固定资产类	0.0	0.0	0.0	0.0	0.0	584 750.0
工资类	1 265 400.0	1 265 400.0	1 265 400.0	1 265 400.0	1 265 400.0	16 736 625.0
肥料	29 620.1	29 620.1	29 620.1	29 620.1	29 620.1	2 425 360.1
农药	21 375.0	21 375.0	21 375.0	21 375.0	21 375.0	394 719.3
能源类	17 100.0	17 100.0	17 100.0	17 100.0	17 100.0	303 525.0
维修类	8 550.0	8 550.0	8 550.0	8 550.0	8 550.0	128 250.0
行政管理费	492 000.0	492 000.0	492 000.0	492 000.0	492 000.0	7 380 000.0
技术咨询类	11 250.0	11 250.0	11 250.0	11 250.0	11 250.0	168 750.0
支出合计	2 205 295.1	2 205 295.1	2 205 295.1	2 205 295.1	2 205 295.1	34 945 554.4
支出浮动10%	220 529.5	220 529.5	220 529.5	220 529.5	220 529.5	3 494 555.4
支出总计	2 425 824.7	2 425 824.7	2 425 824.7	2 425 824.7	2 425 824.7	38 440 109.9
半成品产量（千克）	427 500.0	427 500.0	427 500.0	427 500.0	427 500.0	5 290 312.5
预计成品率（%）	100.0	100.0	100.0	100.0	100.0	
成品产量（千克）	427 500.0	427 500.0	427 500.0	427 500.0	427 500.0	5 290 312.5
收入	5 130 000.0	5 130 000.0	5 130 000.0	5 130 000.0	5 130 000.0	63 483 750.0
当年盈亏	2 704 175.3	2 704 175.3	2 704 175.3	2 704 175.3	2 704 175.3	
累计盈亏	14 226 938.8	16 931 114.1	19 635 289.5	22 339 464.8	25 043 640.1	

（四）四种蓝莓种植方式效益分析

1. 四种蓝莓种植方式投入产出分析 以 15 年为预算周期，对上述四种蓝莓种植方式的预算表主要经济数据进行分析得出：15 年平均亩投入以温室最高，达到 12 322.2 元/年，主要投资集中在第一年，其次为冷棚（9 917.1 元/年）、露地鲜食（5 936.9 元/年），露地加工果实的亩投入最低，为 5 694.8 元/年；从每亩地每年的净利润分析，以温室栽培最高，年均达到 9 348.0 元/亩，其次为冷棚 8 174.4 元/亩、露地鲜食 5 687.3 元/亩和露地加工 3 710.2 元/亩；从达到当年投入和产出平衡时间看，所有栽培形式都需要 3 年；从累计投入与产出达到平衡所需要的时间看，以露地鲜食最快，第 5 年即可收回全部投资，其次是露地加工，需要在第 6 年收回投资，冷棚需要在第 7 年，温室最慢，需要 8 年；四种种植方式的半成品成本以温室栽培最高，达到 39.7 元/千克，其次为冷棚（21.3 元/千克）、露地鲜食（11.6 元/千克）、露地加工果实（7.3 元/千克）。按此数据，可以认为，如果四种栽培形式的蓝莓果实的销售价格低于上述的成本价格时，蓝莓果实的供应应视为达到饱和，种植面积在市场的调节下将不会迅速增加。同时，对目前已经进行生产的果园，如果成本价格远远高于测算的成本价格，需要重新审视各个生产环节的成本控制以及目标产量及质量，分析问题出现的原因，能否有效地改进使实际成本接近或低于测算的成本价格，如果无法达到该指标，建议要重新考虑蓝莓投资项目的取舍问题；从 15 年的累计利润分析，30 公顷的土地，温室的利润最高，可达 6 309.9 万元，冷棚达 5 517.7 万元，露地鲜食达 3 838.9 万元，露地加工可达 2 504.4 万元，同时，随着时间的延长，温室、冷棚的累计利润与露地栽培相比，增加得会越来越多。

在四种栽培形式的预算制定时，我们有意将温室和冷棚的成本按最高标准进行核算，实际执行中，温室和冷棚的建造成本会低于预算所采用的成本。这样，温室和冷棚栽培的实际利润会高于本预算的数据，而且再考虑霜害、采收季节遇雨、越冬抽条等风险，温室及冷棚生产的预期收益会比露地更加稳定。四种种植方式主要投入产出数据如下所示（表 12-7）。

表 12-7　四种种植方式主要投入产出数据比较表

种植形式	平均亩投入（元/年）	平均亩产出（元/年）	平均亩利润（元）	投入产出平衡年（年）	累计投入产出平衡年（年）	平均半成品成本（元/吨）	15 年累计利润（万元）
温室	12 322.2	21 670.2	9 348.0	3	8	39 749.1	6 309.9
冷棚	9 917.1	18 091.5	8 174.4	3	7	21 327.1	5 517.7
露地鲜食	5 936.9	11 624.2	5 687.3	3	5	11 644.8	3 838.9
露地加工	5 694.8	9 405.0	3 710.2	3	6	7 266.1	2 504.4

2. 蓝莓产业发展的技术层面可行性调查项目与内容　在蓝莓产业长期财务预算分析的基础上，如果得出了肯定的结论后，就应该组织专业技术人员对实施地区的土壤、气候、人文、交通、劳动力供应水平等因素进行深入调研、综合分析，从而形成技术层面的可行性报告。技术层面的可行性调查项目与内容如下。

（1）地理资料　当地地理资料主要调查内容（表 12-8）。

表 12-8　地理资料调查表

调查内容	具体情况
所属省/市（县）/镇（乡）/村	
距离最近的蓝莓农场的名称、距离	
经度/纬度/地形/海拔高度	
临近的村庄/城市/涉及自然村（个）	

（续）

调查内容	具体情况
临近的高速公路/公路	
可租用的面积（亩/公顷）	
建议租地费用	

（2）气象资料

①温度。近 10 年月最高、最低和平均温度调查内容（表 12-9）。

表 12-9 近 10 年月最高、最低和平均温度统计表

温度		2008 年	2009 年	2010 年	2011 年	2012 年	2013 年	2014 年	2015 年	2016 年	2017 年
1 月	最高										
	最低										
	平均										
2 月	最高										
	最低										
	平均										
3 月	最高										
	最低										
	平均										
4 月	最高										
	最低										
	平均										
5 月	最高										
	最低										
	平均										

（续）

	温度	2008 年	2009 年	2010 年	2011 年	2012 年	2013 年	2014 年	2015 年	2016 年	2017 年
6 月	最高										
	最低										
	平均										
7 月	最高										
	最低										
	平均										
8 月	最高										
	最低										
	平均										
9 月	最高										
	最低										
	平均										
10 月	最高										
	最低										
	平均										
11 月	最高										
	最低										
	平均										
12 月	最高										
	最低										
	平均										

　　近 10 年低于 7.2℃的低温时间、大于 10℃的有效积温及霜降信息调查（表 12-10）。

表 12-10　近 10 年低于 7.2℃ 的低温时间、大于 10℃ 的
有效积温及霜降信息表

	2008年	2009年	2010年	2011年	2012年	2013年	2014年	2015年	2016年	2017年
小于 7.2℃ 的低温时间										
大于 10℃ 的积温										
初霜期/终霜期										

②降水量信息调查。近 10 年降水量调查（表 12-11）。

表 12-11　近 10 年降水量调查表（毫米）

	1月	2月	3月	4月	5月	6月	7月	8月	9月	10月	11月	12月	总降水量
2008年													
2009年													
2010年													
2011年													
2012年													
2013年													
2014年													
2015年													
2016年													
2017年													

近 10 年的水灾旱灾记录。

③冰雹信息调查。近 10 年每月冰雹资料调查（表 12-12）。

表 12-12　近 10 年每月冰雹资料调查表

	1月	2月	3月	4月	5月	6月	7月	8月	9月	10月	11月	12月
2008 年												
2009 年												
2010 年												
2011 年												
2012 年												
2013 年												
2014 年												
2015 年												
2016 年												
2017 年												

④风信息调查。当地风资料调查（表 12-13）。近 10 年每月最强风日（表 12-14）。

表 12-13　风资料调查表

	冬季	春季	夏季	秋季
主风向				

表 12-14　近 10 年每月最强风日

	1月	2月	3月	4月	5月	6月	7月	8月	9月	10月	11月	12月	最强风月份
2008 年													
2009 年													
2010 年													
2011 年													
2012 年													
2013 年													

（续）

	1月	2月	3月	4月	5月	6月	7月	8月	9月	10月	11月	12月	最强风月份
2014年													
2015年													
2016年													
2017年													
每月风向													

⑤湿度信息调查。近10年相对湿度调查（表12-15）。

表12-15　近10年相对湿度调查表（％）

	1月	2月	3月	4月	5月	6月	7月	8月	9月	10月	11月	12月
2008年												
2009年												
2010年												
2011年												
2012年												
2013年												
2014年												
2015年												
2016年												
2017年												

（3）土壤资料调查

①土壤化学成分调查（表12-16）。

表12-16　土壤化学成分调查表

	N	P	K	Ca	Zn	Fe	Mn	Cu	Mg	B	pH	有机质含量	盐分
含量													

②土壤物理性状调查（表 12-17）。

表 12-17　土壤物理性状调查

调查内容	具体情况
土壤类型	
积水土壤（面积）	
地下水位高度	

（4）水资源调查

①可利用水资源基本情况调查（表 12-18）。

表 12-18　可利用水资源信息调查表

	距该位置的距离（千米）	水容量（米^3）	水流量（升/分）	深度（米）	条件
水库					
河流					
井					

②可利用水资源水样分析（表 12-19）。

表 12-19　可利用水资源水样分析调查表

	Na	HCO_3^-	Mg	Fe	Ca	EC	pH
含量							

（5）前期 3 年耕作情况调查

①前 3 年种植作物的种类。

②前 3 年土壤施肥的种类与数量。

③前 3 年种植作物的主要病虫害种类与发生的程度。

（6）环境危害信息调查

①附近污染源信息调查（表 12-20）。

表 12-20　附近污染源调查表

	土壤污染	水污染	空气污染
来源			

②污染源类型调查。

③污染源距田地的距离。

（7）可利用能源信息调查

①电源（价格/度）。

②电源距田地的距离。

③变压器电容量。

④其他能源：柴油/汽油价格（元/升）。

（8）社会人文信息调查

①地区人口总数。

②可利用的劳动力数量。

③人口男女比例。

④此地区农民平均日工资。

⑤此地区农民平均年收入。

⑥当地人们通常的收入来源。

⑦农民的银行现金存款总额。

⑧当地对蓝莓产业有何税种。

⑨当地有机肥供应渠道及价格。

⑩当地对蓝莓产业的扶持政策。

（五）建立蓝莓农场可行性报告的形成

蓝莓农场的可行性报告应包括投资的经济效益可行性报告和蓝莓产业发展的技术可行性报告两部分，只有这两部分报告均切实可行，才可以最终确定蓝莓农场的建立。

1. 蓝莓农场建立的经济效益可行性报告的形成　在肯定长期财务预算的基础上，通过对蓝莓产业发展的长期财务预算的分析和预计投资金额及来源的确定，综合分析农场的规模，判断投资金额能否满足财务预算的资金总额需求和投资金额能否满足蓝莓农场资金需求的时效性要求两个方面。在这一分析判断过程中，往往会注重资金需求总额的满足度，而忽略了蓝莓农场对资金需求的时效性。蓝莓作为一种植物，对资金需求的时效性极为严格，资金必须以每月或者每周为单位保证供应，而某一阶段短时的资金缺乏，可能导致整个投资的失败。例如，需要在定植前满足灌溉的条件，但是，如果因为资金未按时到位，定植后一周才解决滴灌设施，在干旱的条件下，会使苗木生长受到影响或者大量死亡，那么就会使前期所有的苗木、土壤改良、地租等投资都变成无效投资或者投资效益显著下降。因此，投资金额不仅要满足预算总金额的需求，而且必须满足每个阶段的资金的需求，要切实深刻理解蓝莓产业发展每一环节必须是建立在前一个环节之上的，避免考虑不周而造成投资失败。

2. 蓝莓产业发展技术可行性报告的形成　通过对蓝莓产业发展的技术可行性的调查与内容的综合分析、判断，由专业技术人员对所选择的地点给出发展蓝莓产业的优势、主要的限制因子，分析主要限制因子是否在经济允许水平内可以克服或者不可克服。如可以克服，给出解决的方案以及预期的风险等，最后由投资决策人来决定是否在所选的地块进行蓝莓产业投资。

二、蓝莓农场的运行与管理

（一）蓝莓农场的组织框架及岗位职责

1. 组织框架　按一般的蓝莓农场经济规模在 30 公顷左右，可以按照下图设立组织管理框架（图 12-1）。

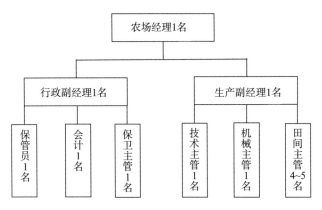

图 12-1　组织管理框架

2. 岗位职责

（1）农场经理　负责整个农场的运行。

（2）行政副经理　协助农场经理具体管理农场的年度财务预算制定及运行；办理工商税务的业务；完成物资采购与保管；完成工人工资发放与考勤抽查；进行产品销售；负责农场的安全保卫；负责对外接待工作；完成经理临时交办的工作。

（3）生产副经理　协助农场经理具体制定和落实农场年度技术操作规程；制定工人的考勤、劳动定额；总体管理灌溉及冷库运行；负责包装车间的运行与管理。

（4）保管员　物资保管及出入库统计；产品出入库统计；出纳工作。

（5）会计　农场账目处理；处理各类税务报表；工商税务衔接；人工汇总。

（6）保卫主管　负责整个农场的安全运行。

（7）技术主管　具体制定农场的技术操作规程；监督技术操作规程的落实；培训田间主管的技术操作；监控生产过程中的各种突发性问题并提出解决方案。

（8）机械主管 负责冷库运行与维护；负责灌溉系统运行及维护；负责其他车辆及电力设施运行与维护。

（9）田间主管 组织工人按时完成年度操作规程的各项任务；组织工人完成临时性工作；落实工人劳动定额或者工作量；检查并指导工人的工作质量；培训工人的技术操作；统计上报工人考勤。

以上为30公顷左右的蓝莓农场的组织框架及各岗位职责的参考性方案，具体在实践中，可以根据农场的实际规模及工作重点进行灵活调整。

（二）蓝莓农场运行与管理的操作规程

一个蓝莓农场的运行主要是财务运行和技术措施运行两个方面，其具体的运行与管理过程为：制定年度计划—执行年度计划—监督检查—反馈修正—制定新的年度计划。其中各项计划为蓝莓农场的基础性文件，包括农场的年度财务预算和年度技术操作规程，年度技术操作规程应由专业技术人员在上一年的生产基础上经过深入讨论后形成。在年度技术操作规程的基础上由财务人员和专业技术人员共同将技术操作规程中所涉及的劳动力、物资、能源等货币化形成以月为单位的年度财务预算。年度财务预算可参见表12-3、表12-4、表12-5和表12-6。下面就年度技术操作规程的制定原则及范例进行叙述。

1. 年度技术操作规程的制定原则

（1）一致性原则 即一个操作规程所适用的地块品种、种植形式、土壤条件、地势坡向等均应该一致。

（2）完整性原则 即在一个自然生长期内，要将下一年度所有可能进行的技术操作环节全部列出。虽然有的项目不一定能全部实施，但是，作为操作规程必须完全列出，以保证完整性。例如，蓝莓灰霉病的防治，可能在花期低温高湿条件下发生，需要防治，而多数年份可能不会发生灰霉病，但是作为年度技术操作规程中必须将灰霉病防治项目列出，有备无患。

（3）可执行原则　技术操作规程不能仅仅简单地列出操作项目，而是要明确时间节点、具体要求等，使具备基本专业知识的人能够按照该规程独立完成操作过程，最好避免使用一般性的笼统语言，例如剪去枝条少许、适量留果实等，而尽量采用定量的描述，例如剪去枝条的 1/3～1/2、每个长度在 15 厘米以上的结果枝可以保留 4～5 个花序等。可以参考北方露地栽培蓝莓技术操作规程进行操作规程的编写。

2. 年度技术操作规程范例　（以北方露地栽培蓝莓技术操作规程为例）

（1）3 月　3 月下旬露地去防寒土。

（2）4 月　4 月上旬露地修剪，剪除过密枝、断枝、30 厘米以下的下位枝，适量定产。蓝丰疏除长度在 5 厘米以下、粗度在 2.5 毫米以下的结果枝，保留 60～80 个长度 15 厘米以上的结果枝，5～10 厘米的结果枝留 1～2 个花芽，10～15 厘米结果枝留 2～3 个花芽，15 厘米以上结果枝留 3～4 个花芽。基生枝可保留一个并进行短截，剪留高度为 40 厘米左右，为 3～4 年后更新主枝做准备，主枝数量保留 5～6 个，最多不超过 8 个主枝，过多时应疏除衰弱的老主枝。

4 月下旬露地除草。采用水肥一体化开始施肥，实施方案参考附件 1：露地蓝莓水肥一体化实施方案。

露地覆盖地膜，防治地下害虫。防治方案参考附件 2：露地蓝莓病虫害防治方案。

（3）5 月　5 月注意露地水肥一体化的实施和管理，做好新梢摘心工作，参见附件 3：露地蓝莓修剪操作规程。及时清除露地杂草，做好排水系统。滴灌系统要及时检查漏点、堵点，及时排除隐患。

5月25日水肥一体化方案调整，调整为平衡型，时间为5月25日至6月20日。调整后的方案见附件1：露地蓝莓水肥一体化实施方案。

（4）6月 6月20日水肥一体化方案调整，调整为高钾型，时间为6月20日至7月20日，调整后方案见附件1：露地蓝莓水肥一体化实施方案。

6月25～30日对露地进行一次摘心处理。修剪操作参考附件3：露地蓝莓修剪操作规程。

（5）7月 7月上旬露地第一次采收。此后每1～3天采收一次。

7月20日水肥一体化方案调整，调整为平衡型，时间为7月20日至8月1日。见附件1：露地蓝莓水肥一体化实施方案。

（6）8月 8月1日水肥一体化施肥方案结束，停止施肥。

8月5日露地采后修剪，剪掉结果后的残留果枝，去除下位枝，对生长旺盛枝条短截或回缩。见附件3：露地蓝莓修剪操作规程。

8月5～10日蓝莓锈病防治及地下害虫防治。防治方案参考附件2：露地蓝莓病虫害防治方案。

8月20日露地施用腐熟的牛粪或干燥鸡粪，5千克/株。

8月15～20日露地进行一次摘心。摘心操作参考附件3：露地蓝莓修剪操作规程。

（7）9月 9月上旬进行蓝莓成花剪，修剪方案参考附件3：露地蓝莓修剪操作规程。

9月上旬开始喷施0.2%～0.3%的磷酸二氢钾，每10天一次，促进枝条成熟。

（8）11月 11月10日露地防寒。

附件 1：

露地蓝莓水肥一体化实施方案

蓝莓不同时期施肥量（表 12-21）。按每周 2 次滴灌进行，如果滴灌的次数有变化，按此方案施肥总量进行灵活调节，每次滴灌时间在萌芽前为 40～60 分钟，开花坐果后为 90 分钟左右，以土壤水分体积含量为 18％～20％为宜，低于 15％必须滴水，高于 25％必须停止滴灌。每次滴灌施肥后，应有 10 分钟以上的清水滴灌以清洗管道，一个生长季应用硫酸清洗管道至少 3 次。

表 12-21　蓝莓不同时期施肥量（克/株/周）

施用时期	类型	N	P	K	Mg
萌芽至坐果期	高氮型	2.5	1.2	1.2	0.1
坐果后至果实停长期	平衡型	1.2	1.2	1.2	0.1
果实开始第二次膨大至采收结束	高钾型	1.5	1.2	2.4	0.1

附件 2：

露地蓝莓病虫害防治方案

露地蓝莓病虫害防治方案见下表（表 12-22）。

表 12-22　露地蓝莓病虫害防治方案

日期	药剂名称	防治对象	使用倍数	亩用药液量	备注
4 月下旬至 5 月上旬	40％毒死蜱或辛硫磷 EC	蛴螬		150～200 毫升	土施或滴灌施用

（续）

日期	药剂 名称	防治 对象	使用 倍数	亩用 药液量	备注
5月上、中旬	40%嘧霉胺 SC	灰霉病	1 000		
	60 克/升乙基多杀菌素 SC	越橘硬蓟马	1 200		
8月25日	75%肟菌·戊唑醇 SC	锈病	1 000	45 千克	依据实际发生情况确定是否防治
	10%苯醚甲环唑 WG				

注：EC 表示乳油，SC 表示悬浮剂，WG 表示水分散粒剂。

附件3：

露地蓝莓修剪操作规程

（1）休眠期修剪

①定产原则。树势强壮中庸枝较多的树定产 3 千克，留花芽 300～350 个，树势较弱定产 2 千克，留花芽 200～250 个。

②花芽留去原则。根据定产量的需要，首先在中庸粗壮的枝条上留去花芽，对于枝条成芽较多的健壮结果枝，留 4～5 个花芽，其余花芽全部剪掉。如中庸粗壮枝条留芽量可以满足定产量，则将直径小于 0.3 厘米、长度小于 5 厘米的枝条全部剪除。如中庸粗壮枝条留芽量不能满足定产量的花芽量，可以按如下原则进行修剪，对枝条直径小于 0.3 厘米的留 1～2 个花芽，0.3～0.5 厘米的枝条留 2～3 个花芽，直径大于 0.5 厘米的枝条留花芽量最多不超过 5 个。

③枝条留去原则。疏除过密枝，交叉枝，控制树体整体高度。主枝数量控制在 5～8 个，新生基生枝只留一个位置较好的做预备枝，其他全部剪除。

（2）生长季修剪　主要是进行剪梢和摘心处理。

①剪梢留取长度以 10～15 厘米为宜，根据枝条木质化程度，在半木质化处尽量选择对生芽或叶芽节间短的位置进行短截。

②对于内膛生长的过密新梢，直接剪除。

③7 月 25 日前后剪梢是一个关键点，要及时处理，有利于成枝。8 月 10～15 日前后是剪梢的另一个关键点。

④新梢剪梢处理时间截至 8 月 25 日前。

新梢摘心：时间定于 9 月 10～20 日。

原则：对未停止生长的新梢摘心，或者刚萌发的长度小于 10 厘米的新梢抹除。

说明：

　　书中所提供的农药、化肥施用浓度和使用量，会因品种、生长时期以及产地生态环境条件的差异而有一定的变化，故仅供参考。实际应用以所购产品使用说明书为准，或咨询当地农业技术服务部门。

参考文献

陈光辉，尹弯，李勤，等，2016. 双斑长跗萤叶甲研究进展［J］. 中国植保导刊，36（10）：19-26.

陈雅彬，2015. 不同根际 pH 处理下蓝葛根系转录组及氮、铁代谢相关基因表达分析［D］. 金华：浙江师范大学.

董克锋，岳清华，高勇，等，2015. 蓝莓拟茎点霉枝枯病药剂防治试验［J］. 中国森林病虫，34（6）：44-46.

窦连登，张红军，黄国辉，等，2009. 辽宁蓝莓病害的发生调查［J］. 中国果树（2）：64-65.

傅俊范，彭超，严雪瑞，等，2011. 蓝莓根癌病发生调查及病原鉴定［J］. 吉林农业大学学报，33（3）：283-286，292.

傅俊范，严雪瑞，李亚东，2010. 小浆果病虫害防治原色图谱［M］. 北京：中国农业出版社.

郭洁，张艺馨，周锐，等，2017. 几种杀虫剂对斑翅果蝇室内毒力测定［J］. 植物检疫，31（1）：51-53.

胡雅馨，李京，惠伯棣，2006. 蓝莓果实中主要营养及花青素成分的研究［J］. 食品科学，27（10）：600-603.

华星，侯智霞，苏淑钗，2012. 蓝莓果实关键品质的形成特性［J］. 经济林研究，30（1）：108-113.

黄国辉，2008. 美国密歇根州蓝莓品种资源［J］. 中国种业（1）：85-87.

黄国辉，2008. 我国蓝莓生产存在的主要问题及解决对策［J］. 北方园艺（3）：120-121.

黄国辉，姚平，张红军，2008. 南美洲蓝莓生产概况［J］. 中国果树（4）：

75-76.

黄国辉，姚平，2011. 蓝莓组培苗瓶外生根的研究［J］. 江苏农业科学
（4）：227-228.

黄国辉，姚平，赵凤军，等，2012. 越橘越冬伤害机理的初步研究［J］.
东北农业大学学报，43（10）：45-49.

李群博，2006. 越橘园节肢动物群落结构与功能的初步研究［D］. 长春：
吉林农业大学.

李亚东，刘海广，唐雪东，2014. 蓝莓栽培图解手册［M］. 北京：中国
农业出版社.

李照会，2011. 园艺植物昆虫学［M］. 北京：中国农业出版社.

刘佩旋，郑雅楠，辛蓓，2016. 斑翅果蝇综合防治研究进展［J］. 中国果
树（4）：61-66.

刘佩旋，2017. 辽宁省部分地区斑翅果蝇发生情况与繁殖力的研究［D］.
沈阳：沈阳农业大学.

刘佩旋，刘成，徐晓蕊，等，2017. 一种危险性有害生物——斑翅果蝇研
究现状［J］. 中国植保导刊，37（5）：5-11.

刘庆忠，王晓芳，王甲威，等，2014. 斑翅果蝇在甜樱桃、蓝莓等果树上
的发生危害与防治策略［J］. 落叶果树，46（6）：1-3.

罗全丽，梁家燕，贺海雄，等，2017. 不同诱捕器对蓝莓园斑翅果蝇的诱
杀效果［J］. 植物医生，30（8）：43-45.

罗璇，黄国辉，2015. 辽东地区蓝莓根际土壤线虫的营养类群结构［J］.
果树学报，32（2）：281-284.

罗璇，姚平，黄国辉，2016. 不同栽培方式对蓝莓根围土壤线虫群落组成
及多样性的影响［J］. 果树学报，33（10）：385-392.

罗璇，黄国辉，姚平，等，2017. 外源丛枝菌根真菌对低温胁迫下蓝莓幼
苗抗氧化系统的影响［J］. 江苏农业学报，33（4）：909-913.

任艳玲，田虹，王涛，等，2016. 出口蓝莓基地病虫害调查初报［J］. 浙
江农业学报（6）：1025-1029.

孙耀武，黄春红，刘玲，2008. 灰斑古毒蛾生物学特性及防治试验研究
［J］. 现代农业科技（4）：73-75.

谭钺，魏海荣，王甲威，等，2014. 蓝莓的越冬防寒技术［J］. 落叶果树，
46（6）：51-52.

王宇飞，徐彩芬，姚乃臣，等，2009. 危害沙棘的灰斑古毒蛾生物学特性及防治［J］. 国际沙棘研究与开发，7（1）：38-40.

魏永祥，杨玉春，王兴东，等，2010. 2008 年辽宁庄河蓝莓抽条危害调查［J］. 北方园艺（1）：98-99.

颜廷兰，彦廷芹，2012. 高寒地区大地蓝莓越冬防寒技术［J］. 科技创业家（11）：170.

杨芩，任永权，廖优江，等，2013. 五个兔眼蓝莓品种有效可授期研究［J］. 北方园艺（14）：5-7.

姚平，2007. 蓝莓栽培实用防寒技术［J］. 北方园艺（12）：90.

姚平，孙书伟，2009. 蓝莓组织培养瓶内复壮瓶外生根快繁技术［J］. 北方园艺（4）：161-162.

姚平，周文杰，黄国辉，等，2017. 温度对 5 个蓝莓品种花粉发芽率及着果率的影响［J］. 中国南方果树，46（1）：114-117.

于洁，贾文军，杨红娟，等，2007. 灰斑古毒蛾生物学特性及防治措施［J］. 陕西林业科技（4）：124-125，132.

于强波，2017. 辽南地区蓝莓优质丰产栽培技术［J］. 北方园艺（6）：58-59.

袁海滨，魏延弟，孙长东，等，2015. 长春地区蓝莓主要害虫种类及其种群发生动态［J］. 吉林农业大学学报（2）：160-165.

岳清华，赵洪海，梁晨，等，2013. 蓝莓拟茎点枝枯病的病原［J］. 菌物学报，32（6）：959-966.

张开春，闫国华，郭晓军，等，2014. 斑翅果蝇（*Drosophila suzukii*）研究现状［J］. 果树学报，31（4）：717-721，750.

张悦，周琳，张会慧，等，2016. 低温胁迫对蓝莓枝条呼吸作用及生理生化指标的影响［J］. 经济林研究，34（2）：12-18.

朱玉，黄磊，党承华，等，2016. 高温对蓝莓叶片气孔特征和气体交换参数的影响［J］. 农业工程学报，32（1）：218-225.

BREVIS P A, NESMITH D S, SEYMOUR L, et al, 2005. A novel method to quantify transport of self-and cross-pollen by bees in blueberry plantings［J］. HortScience，40（7）：2002-2006.

ECK P, 1988. Blueberry science［M］. New Brunswick：Rutgers University Press.

HARMER P M, 1944. The effect of varying the reaction of organic soil on the growth and production of the domesticated blueberry [J] . Soil Science Society of America Journal, 9: 133-141.

KREWER G, NESMITH D S, WILLIAMSON J, et al, 2005. Ethephon for bloom delay of rabbiteye and southern highbush blueberries [J] . Small Fruits Review, 4 (1): 43-57.

LEE J I, YU D J, LEE J H, et al, 2013. Comparison of mid-Winter cold-hardiness and soluble sugars contents in the shoots of 21 highbush blueberry (*Vaccinium corymbosum*) cultivars [J] . The Journal of Horticultural Science and Biotechnology, 88 (6): 727-734.

NESMITH D S, 2005. Use of plant growth regulators in blueberry production in the southeastern US: A review [J] . International Journal of Fruit Science, 5 (3): 41-54.

RETAMALES J B, HANCOCK J F, 2012. Blueberries [M] . Walling ford: CAB International.

RETAMALES J B, LOBOS G A, ROMERO S, et al, 2014. Repeated applications of CPPU on highbush blueberry cv. Duke increase yield and enhance fruit quality at harvest and during postharvest [J] . Chilean journal of agricultural research, 74 (2): 157-161.

STRIK B, BULLER G, HELLMAN E, 2003. Pruning severity affects yield, berry weight, and hand harvest efficiency of highbush blueberry [J] . HortScience, 38 (2): 196-199.

VALENZUELA-ESTRADA L R, VERA-CARABALLO V, RUTH L E, 2008. Root anatomy, morphology, and longevity among root orders in *Vaccinium corymbosum* (Ericaceae) [J] . American Journal of Botany, 95 (12): 1506-1514.

图书在版编目（CIP）数据

蓝莓园生产与经营致富一本通／黄国辉主编．—北京：中国农业出版社，2018.9（2025.2 重印）
（现代果园生产与经营丛书）
ISBN 978-7-109-24334-7

Ⅰ.①蓝… Ⅱ.①黄… Ⅲ.①浆果类果树－果树园艺 ②浆果类果树－果园管理 Ⅳ.①S663.2

中国版本图书馆 CIP 数据核字（2018）第 154160 号

中国农业出版社出版
（北京市朝阳区麦子店街 18 号楼）
（邮政编码 100125）
责任编辑 黄 宇 张 利
文字编辑 常 静

中农印务有限公司印刷 新华书店北京发行所发行
2018 年 9 月第 1 版 2025 年 2 月北京第 5 次印刷

开本：850mm×1168mm 1/32 印张：6.25 插页：4
字数：146 千字
定价：25.00 元
（凡本版图书出现印刷、装订错误，请向出版社发行部调换）